走向平衡系列丛书

灯火阑珊

基于法象合一思辨的建筑光环境设计分析

王小冬 李宁 著

中国建筑工业出版社

图书在版编目（CIP）数据

灯火阑珊：基于法象合一思辨的建筑光环境设计分析 / 王小冬，李宁著. -- 北京：中国建筑工业出版社，2025.3. --（走向平衡系列丛书）. -- ISBN 978-7-112-30970-2

Ⅰ．TU113.6

中国国家版本馆CIP数据核字第2025TA7295号

    建筑与光，历来有着密切的关联。每一种空间情境都有其独有的光影密码，空间感知事实上就是对特定光影映照下的空间界面的识别，所有关于空间的美妙感受都源自光影在空间界面材质上所呈现的效果对人产生的良性触动。光亦是双刃剑，失衡的光影也会带来巨大危害，在美妙与失衡之间，则是设计所探索的光影疆域。建筑光环境设计的呈现是一种光影艺术，技术上则需要精确的演算与控制，但更为本质的内核则是对人的关怀和对环境的尊重。在设计之"法"与光影之"象"相互生发、和合共生中，不懈地追寻"灯火阑珊"之佳境，这既是对光环境设计的一种直观期待，更是光环境设计者内心深处的一种期盼。本书围绕一系列建筑光环境实践案例进行分析，结合平衡建筑"法象合一"思辨对实践体悟加以归纳，以期对建筑学、建筑电气及相关专业的课程教学和当下相关建筑设计有所借鉴与帮助。本书适用于建筑学及相关专业本科生、研究生的教学参考，也可供住房和城乡建设、电气及照明生产等领域的设计、施工、管理及相关人员参考使用。

责任编辑：唐旭
文字编辑：孙硕
责任校对：赵力

走向平衡系列丛书

灯火阑珊 基于法象合一思辨的建筑光环境设计分析
王小冬　李宁　著

*

中国建筑工业出版社出版、发行（北京海淀三里河路9号）
各地新华书店、建筑书店经销
北京雅昌艺术印刷有限公司印刷

*

开本：850毫米×1168毫米　1/16　印张：10　字数：269千字
2025年3月第一版　　2025年3月第一次印刷
定价：138.00元
ISBN 978-7-112-30970-2
　　　　　（44654）

版权所有　翻印必究
如有内容及印装质量问题，请与本社读者服务中心联系
电话：（010）58337283　QQ：2885381756
（地址：北京海淀三里河路9号中国建筑工业出版社604室　邮政编码：100037）

小楼光影轻似梦，青绿迎春暖伴冬

图 0-1 浙江桐庐瑶琳仙境

芥子须弥,瞬息千年(图 0-1)。

---

1 本书所有插图除注明外,均为作者自摄、自绘;本书由浙江大学建筑设计研究院有限公司资助出版。

自　序

建筑与光，历来有着密切的关联。清晨微光、正午盛阳、黄昏薄暮、深宵灯下，每一种空间情境都有其独有的光影密码。空间感知事实上就是对特定光影映照下的空间界面的识别，所有关于空间的美妙感受都源自光影在空间界面材质上所呈现的效果对人产生的良性触动。

光亦是双刃剑，失衡的光影也会带来巨大危害，而在美妙与失衡之间，则是设计所探索的光影疆域。建筑光环境设计的呈现是一种光影艺术，技术上则需要精确的演算与控制，但更为本质的内核则是对人的关怀和对环境的尊重。

近年来，建筑光环境设计越来越受到重视。传统的照明设计侧重于人工光的应用，主要是通过具体灯具的选择和布置，考虑灯具的类型、亮度、色温、色彩还原指数等因素以及它们的分布方式、高度、角度等，以实现特定的照明效果。建筑光环境设计则立足于人的视觉体验和心理感受，综合考虑在自然光与人工光不同的照度水平、亮度分布、颜色映射等因素作用下，如何通过光影组合来配合建筑功能、衬托街区空间氛围、增强城市环境感染力，促进人们对城市、街区、建筑的感知和体验。

与此同时，面对照明数字化、智能化以及技术交叉、跨界融合、商业模式变革等发展趋势，建筑光环境设计行业面临着巨大的机遇与挑战。LED照明技术的快速发展，使其广泛应用于城乡夜景照明工程并取得了良好的效果，其灵活可调的特性结合快速发展的智能控制技术，使得夜景照明表现手法更加多元化、照明的艺术性得以更好地发挥，很大程度上也使得环境空间的特色得到了更好的诠释。

然而在迅速发展的光环境设计与建设中，过度亮化、光污染与光侵扰等问题也逐渐进入公众视野。因此如何实现环境空间真正的品质提升、建筑光环境的可持续高质量发展，如何把握光影呈现的适宜度，正是建筑光环境设计的"平衡点"。

平衡建筑是浙江大学建筑设计研究院多年来荟萃凝练而成的总体学术框架，"情理合一""技艺合一""法象合一"是平衡建筑的三大核心纲领。

平衡建筑的"法象合一"就是在方法论层面上讨论属于设计主体思维的"法"与基于环境客体生发的"象"二者之间相互生发、和合共生的样态。对应建筑光环境设计而言，"法"是光环境从虚拟构思成为现实呈现的路径指引，"象"是光环境形式表象与内容实质的体用平衡。概而言之，"法是象之始，象是法之成；法是象之主张，象是法之功夫"，正是在设计从虚拟态走向现实存在的过程中，设计之"法"与光影之"象"相互制约、彼此渗透、相辅相成，这正是"法象合一"思辨与实践的过程。

在具体工程实践中，为了把握设计的"平衡点"，也曾"独上高楼，望尽天涯路"，也曾"为伊消得人憔悴"，总是不懈地追寻"灯火阑珊"之佳境，这既是光环境设计的一种直观期待，更是光环境设计者内心深处的一种期盼。本书围绕一系列建筑光环境实践案例进行分析，结合平衡建筑"法象合一"思辨对实践体悟加以归纳，以期对当下的城乡建设和研究有所帮助。

寻寻觅觅，夜深，露华浓，亦诗亦画。
灯火阑珊，静谧，人无语，如梦如烟。

甲辰年冬日于浙江大学西溪校区

目　录

自　序

第一章　高古：越韵悠然 1

　　1.1　月出东山，好风相从 5

　　1.2　兰亭月夜，暗香浮动 5

　　1.3　聚散有缘，水月相忘 7

　　1.4　世代相传，肃穆庄严 10

　　1.5　计白当黑，尽得风流 12

第二章　含蓄：烟火人间 13

　　2.1　华灯初上，温馨家园 15

　　2.2　砯石山水，东塔西阁 15

　　2.3　唐诗之路，柯桥新韵 21

　　2.4　风雅钱塘，温婉街巷 23

　　2.5　市井风情，雅俗共赏 26

第三章　飘逸：千年一脉 27

　　3.1　上善若水，链接时空 29

　　3.2　蜿蜒画中，氤氲江南 30

　　3.3　灯影入梦，精准微更 32

　　3.4　春江潮涌，潇洒桐庐 35

　　3.5　山水清影，富春新姿 37

第四章　绮丽：花好月圆 39

  4.1 神存高洁，芬芳共舞 43

  4.2 浓尽必枯，淡者屡深 43

  4.3 霞漫堂前，灯映华屋 47

  4.4 座中高朋，伴客弹琴 47

  4.5 天地玄黄，只此青绿 53

第五章 清奇：海色丹青 57

  5.1 一曲渔光，万象山海 61

  5.2 海韵迎潮，渔舟唱晚 61

  5.3 灯映余晖，流光溢彩 66

  5.4 海天长卷，光影作画 68

  5.5 港湾之夜，逐梦随风 72

第六章 旷达：云淡风轻 73

  6.1 林幽岩秀，时空画卷 75

  6.2 奇山异水，百叶空灵 75

  6.3 静有湖泽，动伴腾飞 82

  6.4 宾朋夜归，门卷珠帘 86

  6.5 钱塘南岸，怡然萧山 88

第七章 冲淡：润物无声 89

  7.1 素处以默，妙机其微 93

  7.2 犹之惠风，荏苒时光 93

  7.3 廊前阶下，翠竹依依 96

  7.4 环环相映，宁静致远 100

7.5 苔痕绿阶，草色青帘 102

第八章 自然：返璞归真 103

8.1 俯拾即是，不假外求 107

8.2 适时花开，真与不夺 107

8.3 洞府乾坤，着手成春 111

8.4 幽人空山，结庐乡野 114

8.5 低调含蓄，和光同尘 118

第九章 儒雅：城市风骨 119

9.1 玉壶冰心，碧霞天泉 123

9.2 居敬持志，吾性自足 123

9.3 戒慎恐惧，格物致知 125

9.4 隐逸市井，内明于心 129

9.5 岁月不居，知行无疆 136

第十章 雄浑：当仁不让 137

10.1 反虚入浑，积健为雄 141

10.2 泽被万方，俯仰天地 141

10.3 苍苍云山，寥寥长空 143

10.4 超乎其形，合乎其意 146

10.5 持之非强，来之无穷 147

结　　语 148

参考文献 149

致　　谢 152

第 一 章
高古：越韵悠然

图 1-1 竹影兰馨,水月相应:兰亭景区光环境设计"月下兰亭"意趣(贾方 摄)

第一章

高古：越韵悠然

灯火阑珊

图1-2 茂林修竹、溪水清浅的光影变化（贾方 摄）

1.1 月出东山,好风相从

在浙江省绍兴市的兰亭做设计,其背后深邃的人文背景是不能绕开的[1]。自然环境是时空延续的,人文根脉是世代相传的,这就使得光环境设计不仅要顺应兰亭风景区的自然景观,更要尊重兰亭独特的人文内涵,借千载越韵来体现光影空间的蕙质兰心。

相传越王勾践曾于绍兴兰渚山麓种兰,汉代时在此设驿,称兰亭。西晋永和九年三月初三,王羲之于兰亭乘兴挥毫,"意不在书,天机自动",人间便有了《兰亭集序》这千古名作。书圣于此书卷中注入了山水之灵性,笔墨似乎都有了灵魂,亦有了生命。人生如白驹过隙,不过一瞬,而《兰亭集序》长存。

宋至道二年(996 年)内侍裴愈到兰亭,上奏请求于此地建寺,皇帝应允并赐名"天章",同时修缮兰亭古池还增添了墨池与鹅池,这是史上兰亭首次成为"景区"。时至元末,兰亭历火劫而荒。明嘉靖二十七年(1548 年)郡守沈启择址重修兰亭,此后不断有增建,明末再遭毁殁。清初,知府许弘勋在明代遗址上重建兰亭,渐成今日兰亭之格局。至抗战期间,天章寺焚毁,兰亭再度荒芜。20 世纪 70 年代,兰亭修缮工程于明清旧址上全面启动,于 1980 年正式开放。从屡废屡建的坚持中,也可以感受到兰亭作为一个重要文化标识在中华文化长河中的感召力。

在兰亭风景区光环境设计中,以"月下兰亭"为主题,正如用墨时的神韵,以月光为笔,蘸一毫千古风采,书写夜兰亭的疏影横斜、暗香浮动(图 1-1、图 1-2)。

1.2 兰亭月夜,暗香浮动

随着一年一度兰亭书法节的举行,人们"少长咸集,群贤毕至",传永和佳话,颂翰墨风流。兰亭也以其独特的自然风光和

---

[1] 环境具有动态生长性的生命特征,通过人们在其有限生命中的创造性活动与岁月沧桑相关联而获得更加久远的时空意义。参见:胡慧峰,李宁. 法象良知 平衡建筑十大原则的设计体悟[M]. 北京:中国建筑工业出版社,2024:19.

人文底蕴，吸引无数文人墨客纷至沓来，也吸引了大量游客前来旅游观光。兰亭景区入口仅设低檐小门，但在远处便可见门后有古木参天，入门即如穿越，悠然而见"茂林修竹"。路边有一座单檐三角亭，立有"鹅池"碑。

从石曲桥过鹅池绕过一片山石，便是"兰亭"碑亭，建于清康熙年间。右侧的流觞亭为纪念"曲水流觞"活动而建，亭前布置曲水流觞景观。流觞亭北面的八角重檐亭就是御碑亭，俗称"大兰亭"，亭内的兰亭御碑是国内最大古碑之一。经御碑亭即见王右军祠，祠堂始建于清康熙年间，祠外四周环水，祠内有廊，廊环池水，而池中立有亭，亭旁连桥接门厅与正厅月台。

除了这些标志性的核心区建筑单体外，兰亭景区最为重要的莫过于当年流觞的"曲水"了。《兰亭集序》中描述的"清流激湍，映带左右，引以为流觞曲水，列坐其次"虽已时隔千年，而当年文人墨客围坐曲水谈笑唱咏、曲水流觞的雅集画面，依旧鲜活生动，令人神往。

近年来在绍兴市委、市政府的支持下，景区陆续扩建、新建了含晖桥、宋池亭、天章之阁等建筑，更全面地展示了兰亭历史遗迹，兰亭景区光环境设计与营造也逐步开展（图1-3）。

图1-3 总平面图

图1-4 曲水流觞的光影(贾方 摄)

图1-5 从流觞亭看王右军祠的光影(贾方 摄)

图1-6 模拟月光映照的光影中的流觞亭外墙(贾方 摄)

1.3 聚散有缘,水月相忘

初访兰亭,还是少年时代,感古怀今,心怀景仰。及今以设计者的身份再访兰亭,思考如何以适宜的光环境表达兰亭的千古幽思,倍觉荣幸,更感惶恐。设计范围包括兰亭景区核心区及主要步道、兰亭书法博物馆、之镇街区、喻怀桥、骋怀桥、天章寺及其园区部分道路等,近期实施的是核心区的主要节点。

设计以人工光模拟月光,以极为克制、精到的用光表现兰亭的深远韵致与厚重内涵,以低位照明展现延绵的林茂竹幽,以擦洗而不是投光的方式表现古建筑的风骨,以仿内透的方式表现局部的亭廊,以温润、舒缓、雅静的方式来营造不刻意的"坐可听风,卧可观星"的兰亭月夜(图1-4~图1-6)。

兰亭景区的入口古朴低调,设计顺应建筑与景观的关系,不对建筑本身做任何处理,只是打亮入口建筑背后的高大林木,明暗抑扬之间,既强调了入口后林木的精彩,也刻意保留了入口的温和低调。走入园林中，扑面而来的就是"茂林修竹"，要表现王羲之笔下的轩朗景象，无疑要处理好这里的植物照明。城市景观照明中通常使用的浓绿光色在兰亭并不适用，若在此投射反而给人郁积、阴沉之感。经多次现场调试，用 RGB 的多组色调来组合调配，进行多色晕染，避免大面积高饱和度的纯色铺陈。

沿竹径前行就到了兰亭的鹅池碑，择选亭边幽竹数竿、乔木若干，以暖光晕染打亮。鹅池碑亭均属文保建筑，采用远距离打光，将灯具隐匿于对向的树枝分叉上，打亮碑亭，又不曝曝。

绕过鹅池，便是三面环水的兰亭碑亭，设计惜光如金，仍采用一组两套投光灯，从单一角度入射亭子瓦面，以小功率洗墙灯洗亮亭边水池，择选部分乔木打亮，同时在水池岸边加装下照灯带，微弱洗亮水岸。光色选择莲色与水色两种模式，春夏莲花蓬勃时则用莲色，秋冬时则用水色。

流觞亭前就是"曲水流觞"处，山水文人，一觞一咏吟唱出千古风雅，此处已是跨越时空的文化地标，笔墨挥就的风韵流转千年。设计以小功率水下灯营造明蓝色水体，又透过亭前的乔木隐蔽安装灯具，灯光透过错落树叶，在流觞亭前洒下一地清雅的淡蓝光影。精心选择的角度让光影在屋面留下横斜树影的飘逸与动感，也在冰裂纹状花格窗棂中摇曳出随风变化的静谧且清莹的光影。在御碑亭的光影处理中，设计未触碰建筑的一砖一瓦，仅借用亭前原有的安防立杆加装灯具，从单一方向沿着侧向将整体建筑微弱打亮，也打亮御碑的局部（图 1-7）。

为了更好地表达兰亭的文韵诗情，为景区定制了以兰亭集序为蓝本的书法庭院灯与草坪灯。在砖石甬道上，古风悠远的庭院灯单侧布置，照亮甬道的同时将路侧的景观依稀点亮。在局部小径、园路和近水节点布置草坪灯，形成趣味盎然的小景。

"今人不见古时月，今月曾经照古人"。兰亭月夜，水影空蒙，兰馨清扬。人间诗情，共此夜色。光影中的传承，不仅仅是对书法的追求和感悟，更是千百年来兰亭文化的"心印"。

图 1-7 疏影横斜水清浅,暗香浮动月黄昏:模拟月光映照的光影中的流觞亭和御碑亭鸟瞰(贾方 摄)

图1-8 诸暨市枫桥镇紫薇侯庙整体光影鸟瞰（贾方 摄）

图1-9 正门光影（贾方 摄）　　图1-10 戏台与庭院光影组合（贾方 摄）　　图1-11 中厅光影（贾方 摄）

1.4 世代相传，肃穆庄重

诸暨市枫桥镇紫薇侯庙是于明嘉靖年间在元代庙宇的旧址上敕建，后几经扩建，至清代愈见规模。现存建筑群共三进，坐北朝南，沿中轴线依次为正门、戏台、中厅和后厅，中轴线两侧有厢房、钟楼、鼓楼、耳房等。屋脊上灰雕龙吻美轮美奂，用斗栱螺旋式叠砌而成的戏台藻井贴金施彩，中厅月梁镌刻的人物花鸟和飞禽走兽精美灵动（图1-8~图1-11）。

民间信仰与祭祀作为一种历史文化现象，影响着广大群众的社会生活，也是我国传统文化的有机组成部分和传承载体。古建筑承载了成百上千年的人类活动，褪去的光泽、斑驳的印迹所展示的不仅是历史，更是精神和气场。光环境设计若只是谋求将其打亮，无疑与古建筑特质背道而驰。古建筑的光影构成更需要设计师的观察与体悟，更讲究通过科学用光来表现其质感和肌理所蕴含的岁月积淀。唯其如此，方能实现比"看得见""看得清"更重要的意境呈现。因此，追寻古建筑的沧桑积淀来达成古今的共享共荣，才是古建筑光环境设计的切入点。

如果以目前常见的照明手法处理，无外乎以满铺的小功率投光灯依次打亮正门、中厅等主建筑的屋面，以投、擦、洗等手法依次表现建筑细部，如正脊鳌鱼、飞檐、宝顶、额枋、牛腿、藻井、梁、柱等。这样处理，全则全矣，却有着"满"的毛病。全是重点则重点已失,看似辉煌,实则喧哗,消解了紫薇侯庙作为一组祭祀建筑的庄重与肃穆。设计开始做减法,去芜存菁,去繁就简,摒弃常见的照明手段,以极为自省的方式检视古建筑的特质,用光简约,点到即止,尽最大可能尊重原有的场域精神。

设计取消了所有屋面的满铺照明,仅表现正厅、戏台屋脊的精美灰雕,同时也削减钟楼、鼓楼的投光灯及洗墙灯,仅在背面加装投光灯,营造出从内部隐隐透出光的场景。

在正厅中,沿冬瓜梁吊挂轨道射灯向外照射,让柱网的影子投射在门廊和天井里。戏台只打亮雕刻精美的牛腿,将线型偏配光洗墙灯隐藏在额枋内侧,洗亮藻井。耳房则打亮两侧,形成内光外透。庄重里有神秘,宁静中又有既视感,似乎历史的大幕徐徐拉开,祭祀即将开始(图1-12~图1-16)。

图1-12 戏台整体光影(贾方 摄)
图1-13 屋脊光影(贾方 摄)
图1-14 藻井光影(贾方 摄)
图1-15 斗栱光影(贾方 摄)
图1-16 梁柱光影(贾方 摄)

1.5 计白当黑，尽得风流

紫薇侯庙的布灯手法原则上规避直接布置，极尽努力保护古建筑，避免粗暴安装对古建筑的构件造成破坏，同时采用低技手法点到即止，压暗整体亮度，使得重点更为突出，意境深远，韵味悠长，印证了以最少手法来表现古建筑夜景的可行性。摒弃常用的强调古建屋面、结构、墙身、入口等全部细节的手段，以最低程度的打扰还原历史印迹，有效地让历经时间洗礼的古建筑呈现温和、宁静、庄重的光影氛围（图1-17）。

许多城市与景区夜景都在往更亮、更热闹的方向拓展，以"满铺、全亮"打满屋面、柱栏，亮则亮矣，而余韵不足。就具体的项目而言，都会有各自不同的空间诉求和心理预期，只有充分结合项目特点和需求而做出的建筑光环境设计，才能让光影给人以功能满足与精神慰藉。

在建筑光环境设计中，通过系统的智能控制和光源设施的选择来实现调光的精确性和光源启动与关闭的适时性，这一方面是为了降低能耗和碳排放，另一方面则是为了避免光照时长对环境的影响。在紫薇侯庙项目实践中，充分尊重古建筑，结合特定光影情境主题需求，以计白当黑的得体手法反映场域自身的特质与风骨，努力为使用者构建属于他们在此时、此地的光影情境，这是一次颇有意义的建筑光环境实践探索。

从具体项目分析中，也可以看出建筑光环境设计与呈现反映着社会的变化、经济的发展、科技的进步和人文的感染力。建筑光环境设计团队的凝聚力与发展潜力，特别是作为一个设计群体共同拥有的职业取向与价值观的蓄积与提升，实际上是在不断经历的项目中逐渐发展的，涉及时代需求、社会审美环境、团队人员及其思想意识的碰撞与融合。

---

1 "绿色、低碳、可持续发展"是当下社会发展进程中的时代主题，建筑光环境设计须顺应这个时代主题，努力营造与环境共生的光影情境。参见：王小冬. 回归光明本质，让世界更美好 2017"城市·建筑·光"国际照明设计杭州高峰论坛纪事[J]. 时代建筑，2017(4)：184-185.

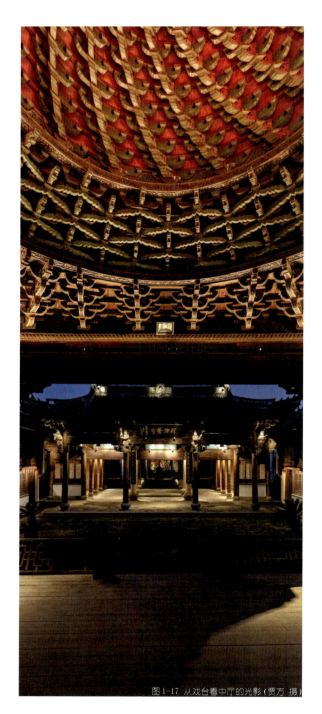

图1-17 从戏台看中厅的光影（贾方 摄）

第 二 章
含蓄：烟火人间

灯火阑珊

图2 | 海宁市硖石历史街区夜景鸟瞰（贾方 摄）

2.1 华灯初上，温馨家园

每个城市的历史街区都有各自不同的演变过程，其中就蕴含了各自的历史积淀。随着建筑光环境设计的推进，如今人们从原先的光影新奇感中也慢慢有所厌倦了，对各个城市雷同的光影效果感到乏味，这促使光环境设计开始把更多的心思回归到街区的历史根脉，以一种含蓄的情感引申方式，通过不同城市历史街区的特有文脉关联来获得光影情境在城市演变中的脉络依托[1]。

通过发掘城市历史街区中具有鲜活力度的文脉关联，分析其中蕴涵的物态及非物态的表象与机理，使之融入当下的城市生活之中，这是探索适宜现代人居环境的光环境设计的有效途径[2]。

在城市历史街区建筑光环境设计中，努力在城市历史街区中通过特定空间界面上的光影组合来引发人们对城市历史纵深的联想，在华灯初上之际，感受家园的温馨，体悟光阴的故事。

2.2 硖石山水，东塔西阁

浙江省海宁市的硖石古镇有着非常古老的历史，曾经也被称为"峡石"，就是因该古老聚落最初是在当地的东山和西山所夹的峡谷水流边繁衍而成的。

如今海宁市的"硖石景城融合区"建设，是在杭嘉湖平原城市独有的"两山夹一水"景观基础上，以"硖石古镇"建设为核心向周边拓展。本次硖石历史街区光环境设计内容主要包括横头街、干河街、南关厢、中丝三厂区块、东山智标塔、西山紫薇阁及相关主要道路的光环境提升改造，设计着力在光环境视觉呈现与综合管理上进行全方位的品质提升（图2-1）。

---

[1] 事物都是多样性的统一，多样性的共存是当今社会的价值主流，和谐的本质就在于协调事物内部各种因素的相互关系，促成最有利于事物发展的状态。在具体的设计情境中，分析基地的时间、空间和人文脉络，让新老空间发生穿越时空的对话，才能使得新的空间具有存在于此的缘由而形成和谐共生的样态。参见：李宁，丁向东. 超越时空的建筑对话[J]. 建筑学报，2003(6)：36-39.

[2] 设计中处理好围绕空间生成的诸多环境限制与矛盾应对，就能够给营造的环境空间带来存在于此时此地的依据和独特的感染力。参见：沈济黄，李宁. 环境解读与建筑生发[J]. 城市建筑，2004(10)：43-45.

图 2-2 东山智标塔光影（贾方 摄）
图 2-3 西山紫薇阁光影（贾方 摄）
图 2-4 老街巷的光影（贾方 摄）

鉴于光环境设计的出发点是为了推动硖石历史街区光环境品质提升，设计以合理性、艺术性、经济性为原则推进各层级光环境提升改造，追寻硖石古韵，为提高城市魅力和提升市民的幸福感出一份力，进而力求能提高城市的知名度并吸引人才驻留。设计依据街区景观与属性制定照明等级，推敲适合各历史街区的特色夜景，构建夜景秩序（图 2-2~图 2-4）。

设计在梳理既有照明设施的基础上审视硖石各历史街区的综合状况，全面分析其中的光环境构成要素，把建筑、道路、水系、广场、公园、地标等进行分类和总结。不同的历史街区有不同的功能，光环境设计遵循这些功能划分出不同照明强度与氛围的区域，准确反映街区的经济、历史、地理和人文景观内涵，映衬城市格局和街区建筑风貌的构成特色。

设计依据硖石总体改造战略及要求，融会硖石古韵元素，优化夜景发展框架，让各具特色的历史街区展示出新时期的国际风范，彰显智慧、人文、生态、艺术、生活的城市发展态势，塑造宜居宜业的街区环境，为城市增添活力。结合目前相关街区部分照明设施，在原有的基础上进行整体提升并展现出不同的段落特征：南关厢着力展现硖石的传统文化，中丝三厂区块侧重于体现其现代特征，干河街重点以志摩故里来表现民国风情，横头街则以繁华的商业景象为主（图2-5~图2-7）。

光环境设计强调夜景光源控制，提升智慧管理手段，实现整体性的光环境布局优化并完善夜景管理系统，提升夜景灯光照明整体品质。设计采用技术含量较高的新型高效节能照明电器和多种照明方式，并接入5G智慧互联平台，参与构建城市大脑，为未来智慧化城市发展打好光环境管控基础。同时综合考虑各种光源的光谱能量分布、色温、显色性，据此引导人的行为；根据分布特点与街区环境，运用不同光色，调节薄弱区整体光色使其冷暖结合，打造合理舒适、主次分明的街区光影。

鉴于海宁市已建立了城市夜景照明法规、规章和制度，光环境设计为日常精细化管理中能够做到依法管理提供系统支撑，为夜景照明的城市统筹、依法治理单体项目建设中的光污染提供有效的抓手。

图2-5 横头街保留的老庭院光影（贾方 摄）
图2-6 横头街牌楼光影（贾方 摄）
图2-7 街区中新建商业空间的光影（贾方 摄）

灯火阑珊

图 2-8 绍兴市柯桥历史街区夜景鸟瞰（贾方 摄）

含蓄：烟火人间

灯火阑珊

图 2-9 柯桥流水波光意象（贾方 摄）

2.3 唐诗之路，柯桥新韵

绍兴市的柯桥古镇是浙江省首批18个省级历史文化街区之一，至今已有1700多年历史，是浙东运河水系上的重要节点。

作为唐诗之路上的一个古老聚落，老街上的隐石悦庄、运河边的十里锦香与状元红酒楼、融光桥边的桃花坞小酒馆、笛扬楼的寻宝记，还有当下兴起的咖啡书屋和音乐工作室等大大小小的空间节点，点染出历史街区中亦古亦新的活力，尤其是其中散发出的市井烟火气，彰显着老聚落的新生机。

徜徉在柯桥古镇的古老街巷里，益发能体会到在当下快节奏的生活中难得的恬淡安逸、古朴悠远（图2-8）。

柯桥历史街区光环境设计以十字水岸线为纽带，营造街区光影的序列感。光影序列通过水上及步行游线来串联，打造精彩纷呈、清幽淡雅的夜游景点。沿岸线的灯具采用雾森喷头隐藏式安装，同时在雾森喷头和水下灯外部加装格栅防护罩以防止与乌篷船发生碰撞，营造出江南烟雨漫漫的感觉，并配合激光制造波光粼粼的烟波浩淼之感（图2-9）。

历史街区建筑所呈现的形态是街区建筑与所处的环境大空间的交互界面，适宜的建筑光环境设计则增添空间界面韵味，让人们更好地通过建筑界面的多重光影引导来辨识所处的空间及其所承载的环境情境。通过对界面光影的识别可使得人们在物理空间中获得自身定位的明确性，并通过动态的空间界面衔接与光影触动使人们不经意地引发更为深远和丰富的心理触动，从而上升到精神愉悦的层面。不同于各空间实体所具有的材质属性，光环境设计不是直接去构建新的空间实体，而是通过映射在特定三维实体界面上的光影组合来赋予人们某种联想。

设计在沿岸布置一系列波光喷泉，波光喷泉形成的拱形最大跨度为6m，最高点为2m，喷头为直径约40cm的圆柱形，可通过颜色变化来营造不同的环境氛围。同时通过采用大数据平台化管理，集成智能化照明控制系统，后续根据发展需要可进行多种功能的扩展,如光照度、车流量显示与控制等功能模块。另外,设计协助业主配合主题进行运营相关夜游产品的开发,"柯桥十二月市"系列主题活动于每周末夜间举行,观众可沉浸式体验夜柯桥历史街区的魅力(图2-10~图2-12)。

从古镇的历史街区建筑群落看,身处其中的人们并不能在一个地点就识别街区的全部内容,而是在连续的行走中,即从一个建筑单体到另一个建筑单体、从一条街道到另一条街道,进而逐步识别整个街区的各个部分然后在心里构筑起自己对历史街区的整体认识。在街区整体印象的生成中,不会只停留在某个局部空间的局部界面,而是综合了人们在其中行走时的全过程情境感受。基于这样的分析思路,就会在设计中尽可能以一种代入的方式去品味空间光影对人的感染效果,前后思量,反复推敲。

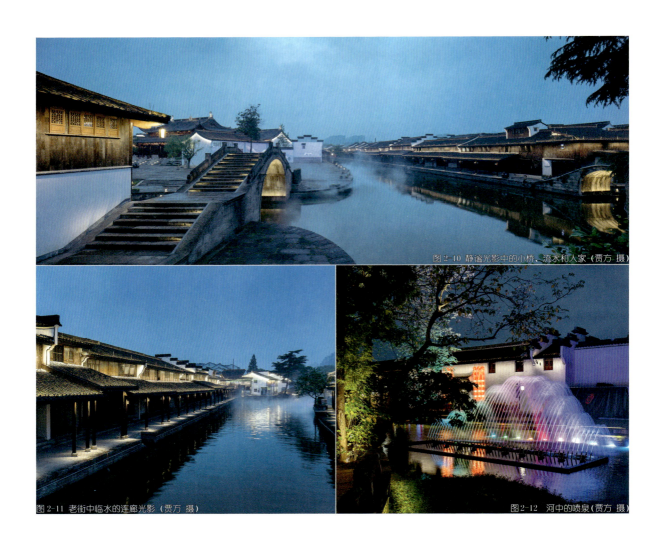

图 2-10 静谧光影中的小桥、流水和人家(贾方 摄)

图 2-11 老街中临水的连廊光影(贾方 摄)

图 2-12 河中的喷泉(贾方 摄)

图2-13 杭州市清河坊历史街区场景（贾方 摄）

2.4 风雅钱塘，温婉街巷

一座清河坊，半部杭州史。杭州市河坊街一带的街区旧称清河坊，作为古代杭州城的"皇城根儿"，清河坊历史街区是杭州市老城区中保存较完好的区块，流水绕古街，小桥连老铺，清池围旧宅，亦古亦新。该街区也是杭州历史的一段珍贵记录，虽说建筑随世代更替而有所变迁，但这些街巷却承载着久远的记忆。

清河坊历史街区中的南宋御街本是南宋临安城的中轴线，在如今的杭州城市道路系统中，御街北段与中山北路衔接通向武林门，南段则延伸为中山南路通向钱塘江。此前该区域的两次照明提升都集中在御街南段，北段与叭腊子广场、大井巷、涵碧楼以及一些背街小巷仍有较多暗区。此次光环境设计将这些区域纳入并进行了功能与景观兼具的提升改造。

考虑到清河坊历史街区"古朴、文艺、高雅"的特有文化属性，此次光环境设计改善了目前街区中照明不良、色光不统一的情况，以温婉低调的手法映衬老街区建筑群落之美。设计手法总体务实，同时追求意境，尽可能结合街区现有的景观、水系、植物来营造西湖东畔、吴山脚下雅俗共赏的光影氛围（图2-13）。

御街建筑立面查漏补缺，对一些建筑形态极具特色但此前并未照顾到的老建筑进行了补充，采用投光灯、洗墙灯来丰富街巷的界面层次，着力营造街区的立体氛围。巷道以洗墙灯提亮环境照度，周边坊巷与广场增加了定制的台阶灯，既满足了通行照度要求，也营造景观效果。总体光环境空间布局呈现为"一心、一轴、双环、多点"，以吴山为背景，以西湖为借景，以吴山城隍阁为中心，通过光影来串联街区的重要夜游景点（图2-14）。

灯火阑珊

图 2-14 清河坊历史街区夜景鸟瞰（贾方 摄）

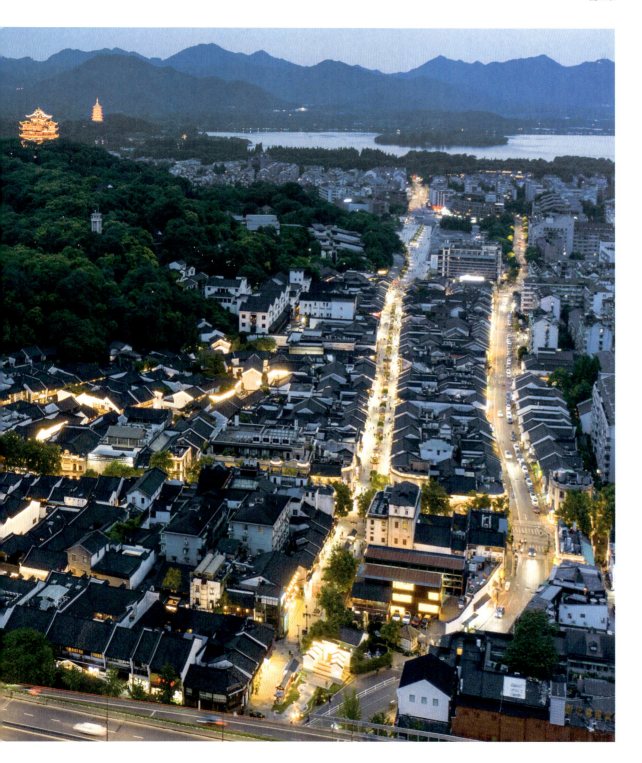

含蓄：烟火人间

2.5 市井风情，雅俗共赏

在南宋御街的北段中，投影灯以多种图案变化展示御街四季风情，典雅而清丽的光影跃动在街道和建筑界面上，烘托出温暖时新的商业氛围。在鼓楼城墙段，则使用激光投影仪来投影灯光秀以丰富街区内容。街区水系结合光影变化，依托吴山背景来进一步衬托出"流水绕古街"的古韵，秩秩斯干，幽幽吴山。

值得一提的是，为不影响街区整体的宜人尺度，设计花了大量心思隐藏投影机、灯具、管线，以营造既可远观又可近品的细部感受。同时充分利用功能性照明作为整体光环境的要素，提升光环境的统一协调性，让绿色高品质的光影映衬出古老街巷和公共空间的雅致，如《雨巷》之诗句，在愁绪中透着清甜。

对于清河坊历史街区而言，光影渲染固然是设计手段，更为重要的是这些手段使用后能提供怎样的室内外空间情境。在落成后的街区里，光影既映衬着商业的热闹与繁华，也伴随着艺术展厅的超然与恬静；既能够与歌舞、皮影戏的动感结合，也能够与医馆、书铺的安静匹配，这正是光环境设计想要促成的街区"市井气息"，为人们营造可游、可赏、可闲坐的光影情境。在审美意趣上既有"宋韵杭风"之雅致，又有"烟火市井"之通俗，形成了雅俗共赏的效果（图2-15~图2-18）。

建筑光环境设计是一种牵涉多专业、多部门的复杂系统工程，也可以说是一种集体共同推进的综合工程。在光环境设计与建设中，不仅要坚持既定的设计意图，还要时刻注意在城市管理者的价值取向、开发投资者的思路变化、项目施工者的诚信建设和诸多使用关联者的多元评价之间把握动态平衡，优秀的光环境设计者必然要有强烈的项目责任感并需善于跟各方利益主体进行沟通与平衡[1]。

图2-15 大井巷光影（贾方 摄）

图2-16 鼓楼光影（贾方 摄）

图2-17 九墙投影节点的光影（贾方 摄）

图2-18 定制的宋制灯笼（贾方 摄）

---

1 关于设计的"价值"评判，就是在人们对该设计是否满足其"需求"的评判中产生的。设计必然要体察与项目俱来的方方面面的利益诉求，并在设计的过程中通过各种方式予以回应和体现。参见：董丹申，李宁. 知行合——平衡建筑的设计实践[M]. 北京：中国建筑工业出版社，2021：11.

第 三 章
飘逸：千年一脉

灯火阑珊

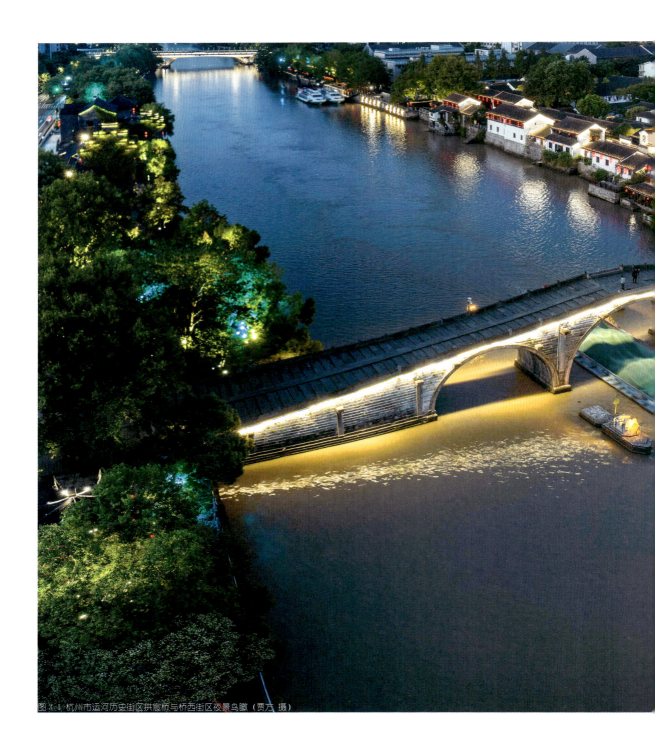

图 3-1 杭州市运河历史街区拱宸桥与桥西街区夜景鸟瞰（贾方 摄）

3.1 上善若水，链接时空

千年大运河见证了南来北往船只的川流不息，亦滋生了两岸灿烂的文明。"北往南来千里碧波贯今古，湖光山色满城佳气蔚葱茏"，作为古运河最南端的杭州城，在运河的浸润下积淀了深厚的运河文化底蕴。

倚水而建、因水而兴的杭州，"江、河、湖、溪、泉"各有特色。钱塘江是磅礴的，西湖是清雅的，西溪是隐逸的，虎跑泉是脱俗的，而运河则是杭州人心中最家长里短的温暖记忆。尤其是 20 世纪 80 年代古老的运河贯通了钱塘江之后，更是"水通南国三千里"，将杭州南北的水网整体盘活，古韵焕新机。

经历杭州亮灯筑梦、G20 峰会和亚运会的三次提升[1]，夜幕下的运河杭州段已实现华丽蜕变。此次迎亚运运河光环境改造不仅统筹斟酌沿河堤岸、桥梁、景观及重要节点的升级打造，更将触角延伸至沿河街区中，赋予其更贴切、更有层次的光影效果，让每一丝光影都来诉说运河的故事、彰显运河的文化（图 3-1）。

作为运河文化载体的典型代表，沿岸历史街区最能体现运河文化的独特魅力。街区中寻常巷道的光环境设计是展现运河文化和杭州城市特色的鲜活例证，结合运河夜景从古至今变迁的梳理分析，设计从"文化、更新、体验、低碳"四个方面着手，探索了如何把握运河沿岸光环境营造的适宜度。

千年运河，千年杭州。在这幅生动的光影画卷中，无论是精致入微的设计细节还是整体和谐的光影构图，都流露着匠心独具的技艺智慧。潺潺流动的光影仿佛是时间的诗行，传递温暖的人文情感和深厚的文化底蕴，设计努力让古老的京杭大运河在现代都市的夜色中焕发出新的生机与活力，展现运河在时间的长河中亘古不变的文化精神和诗画江南的韵味。

---

1 从三次提升改造来对比，2008 年的"水墨丹青"是运河夜景 1.0 版，2016 年的"星河枕梦"是运河夜景 2.0 版，2022 年迎亚运的"诗画江南"则是运河光环境 3.0 版。参见：王小冬，张韧. 灯影古街·诗画新韵——基于人本为先的迎亚运大运河街区光环境设计回顾[J]. 华中建筑，2024(6)：89-92.

图 3-2 街区民居屋顶与古老的拱宸桥光影（贾方 摄）　　图 3-3 大兜路街区街巷场景（贾方 摄）

3.2 蜿蜒画中，氤氲江南

杭州夜景规划在 20 世纪 90 年代开始启动，运河作为杭州历史文化遗产的重要部件和城市景观的核心区域，其夜景提升工程更是得到了前所未有的重视与发展。2008 年为了响应杭州市中心打造 10km 长运河夜景的需求，运河夜景设计以"水墨丹青"为主题，以蓝绿色为主色调，搭配红色为传统节日作点缀，并运用层次丰富、动静结合的灯光效果，将运河两岸的建筑、树木、桥梁和水面融合在一起。2016 年以 G20 峰会为契机，运河夜景设计以"星河枕梦"为主题，对武林门码头、沿河重要节点、水岸埠头等处集中布灯，点串线、线成面，对沿岸建筑顶部进行灯光天际线的打造，并首次开启节日秀、灯光秀等景观亮灯模式。游客慕名而来，为杭州打造城市夜景名片奠定了良好基础。

2023 年喜迎杭州亚运、共谋运河夜景，市、区两级城管部门坚持"还河于民、打造世界级旅游产品"的基本观念，以"诗画江南"为主题对运河沿岸现有照明设施进行优化提升，增加历史文化街区及相关重要节点的文旅光环境改造，并结合沿岸居民日常生活的具体需求同步做好环境品质提升（图 3-2、图 3-3）。

运河历史街区的改造是此次运河夜景提升的着力点之一，既要考虑亚运会和运河文化遗产的背景，更要站在人本立场上，融会天时、地利、人和之合力，从沿岸的街区历史脉络与现状实际出发，在历史文脉和光环境创新提升中寻找光影平衡。

本次范围内的历史街区分为三街三园，三街包括小河历史文化街区、桥西历史文化街区和大兜路历史文化街区；三园包括运河天地、运河艺术园区和浙窑公园。

设计从两岸游步道人行视角、船行视角、所在场所近人尺度视角出发，对运河沿线、街区建筑、景观、开阔空间、滨水空间和码头等灯光情况进行深入调研，对夜景现状问题进行分析与总结：运河文化未凸显，缺乏主题呈现，三街三园的历史文化特色及特殊性未得到良好表现，无法凝聚街区的文化活力；整体光环境未协调，街区照明薄弱且存在暗区，从运河船行视角来看，街区的建筑界面缺乏统一性;街区的重要节点未强调,而街巷的入口又显得昏暗,街区光影缺少吸引力,景观照明需结合街区历史文化元素进行整合。

运河沿岸街区光环境的打造,始终将人的需求、体验和情感放在核心位置,在满足基础照明需求的同时,潜心体察并满足人们日常生活需求,在面对环境变化时充分考虑人们的实际利益和情感文化需求,使得街区的夜间光影不仅服务于居民生活,更能深层次地体现出对街区人文内涵的关注与尊重,通过光影艺术展现街区价值。因此,设计深入挖掘居民生活的各个方面,广泛收集和倾听不同社会群体的需求与期待,通过多次实地考察、调研以及多方讨论,最终确定了基于文化传承、微小更新、体验优化及低碳环保等四个层面的策略,旨在打造既友好舒适,又充满活力和文化底蕴的街区光环境。

这些老街区与老建筑不仅是运河文化的载体,更是古老运河展现生命力和持久魅力的核心元素。街区光环境设计通过汇聚运河历史文化碎片,基于"诗画江南"的主题,以光为墨,结合各个街区不同的历史风貌特点,通过"以一个核心主题为主线,并由多个次级主题串联"的方式来阐述运河的历史文化内涵。

小河历史文化街区中历代留存的江南民居是本次提升的重点,利用这个特点来凸显河埠头街头的人文气息,拉近建筑景观载体与居民之间的距离;桥西历史文化街区的提升以工艺美术博物馆群为重点,通过内外光影相互借景来激活滨水特色,增强互动性;大兜路历史文化街区将历史的涟漪与现代生活巧妙融合,使文化底蕴不经意地流露在滨水慢生活中。在运河天地、文化艺术园区和浙窑公园的灯光组合中增加引导性、艺术化的光影变换,在与历史街区的光影对比中营造出空间张力(图3-4~图3-6)。

图3-4 桥西街区街巷夜景鸟瞰(贾方 摄)
图3-5 会安桥光影(贾方 摄)
图3-6 大兜路街区牌楼光影(贾方 摄)

图 3-7 拱宸桥北侧场景（贾为 摄）

3.3 灯影入梦，精准微更

鉴于京杭大运河已列入世界文化遗产名录，其保护和传承的重要性不言而喻，在推进城市建设时，要妥善平衡城市改造与世界文化遗产保护的关系。因此，运河沿岸街区的光环境提升针对现有照明设施现状，对范围内的街区、景观、滨水空间、步行空间、暗区等部位的现有照明进行留、改、增的梳理。为了强调街区古建筑的结构细节和独特性，采用"一楼一设计"的方式并结合原有结构进行光环境营造，在山墙的结构部分巧妙地运用洗墙灯来增强光色变化以突出其立体感，在瓦楞部分增设 2200K 色温的瓦楞灯，以柔和的光线凸显优雅的历史建筑风貌。

街区作为活态的文化遗产，不仅要保护建筑实体，更要注重其所蕴含文化的联想作用。悬挂在运河沿岸的灯笼无疑是运河夜景中灵动的点缀，是映衬运河沿岸"灯光船影""运河夜泊"的重要部件，精准实施的光源替换工程使得历史街区优雅古典的气质焕发出更加鲜活的光彩。在滨水平台、码头区等滨水空间中通过增设洗墙灯照亮河岸线，使滨水环境更加层次分明。同时为了保证行人的安全和趣味体验，在台阶等关键位置安装台阶灯，为滨水空间提供充足的照度。通过精准微更这一措施，打造了街区明暗有致、层次分明的光环境氛围，既为原有居民增添便利，又提升了街区历史风韵的吸引力（图 3-7）。

夜晚的历史街区应有符合地方文化气息的生活场景，给居民和游客提供身临其境的体验感。通过融入智能交互设计元素，增强夜景的趣味性和感染力，营造独特的夜景氛围感，促进运河历史街区的发展。在街区连接空间、滨水区域、交叉路口的墙体等节点，通过投影技术、灯光变换的灵活运用，赋予了每个空间独特的标识感。在建筑界面光影组合上，以重要部位的白墙为载体，投射了富有运河文化元素的图案，增强建筑界面内容的丰富性。在公共空间中加入局部环境照明，形成可驻留的宜人光影情境。

例如，利用运河水岸特有的植物形状投影，增加行人与环境的互动体验，使沿河活动空间焕发生机和活力。滨水空间更是别出心裁，会安桥上不仅增添了雾森系统和动态的灯光，还预先规划了河灯装置的电路回路，增添烟波飘渺的气氛。

整体而言，这种场景交融和多元互动的灯光设计，既激发了人们的视觉感知，又拉近了人与空间的情感联系，有效提升了河岸与街区的环境活力，让每一个进入其中的人都能感受到浓厚的运河文化底蕴和现代科技完美融合的独特魅力。

原有场地的客观条件是夜景提升的难题，特别是在旧灯的处理、管道的铺设、隐蔽等方面，通过选择在阳光充足和适宜的地方安装太阳能照明装置，比如树枝稀疏处和楼梯遮阳处，利用"光控+时控"的智能技术，确保光源夜间自动亮起并适时关闭，防止深夜灯光干扰人们休息。充分发挥其亮度高、安装方便、运行稳定、无需敷设电缆、能源可再生和使用寿命长等优点，形成高效节能的光环境空间。

同时，强调将低层照明作为主要方式，尽量减少对屋顶的直接照明，以达到更低碳和环保的照明效果。通过对照明设施的科学配置、精心安装以及对光效的精确控制，加强了照明设施的运维管理，有效提升了运河沿岸街区的居住环境品质，营造出生态宜居的运河人家新情境（图3-8～图3-11）。

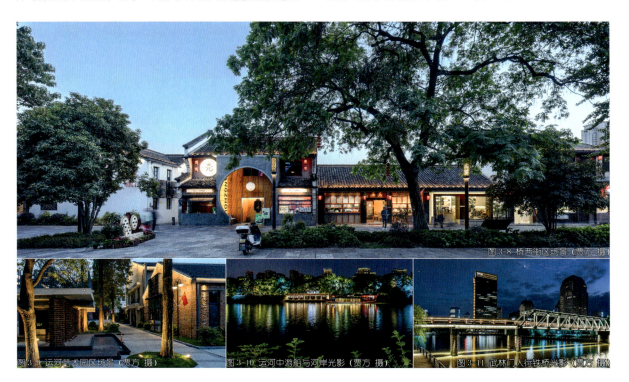

图 3-8 桥西街区场景（贾方 摄）
图 3-9 运河艺术园区场景（贾方 摄）
图 3-10 运河中游船与河岸光影（贾方 摄）
图 3-11 武林门人行铁桥光影（贾方 摄）

灯火阑珊

图 3-12 桐庐县迎春南路与远处富春江夜景鸟瞰（贾方 摄）

基于法象合一思辨的建筑光环境设计分析

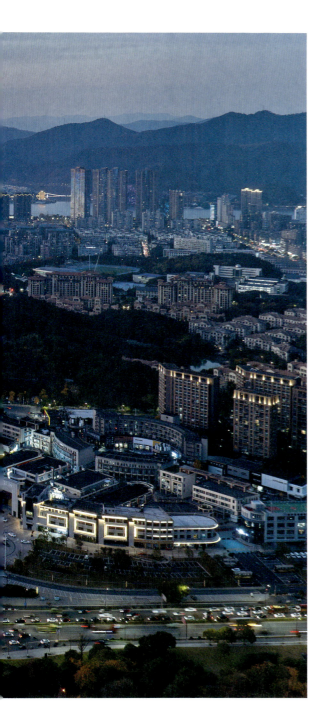

3.4 春江潮涌，潇洒桐庐

悠悠碧水，千古流芳，浙江省桐庐县犹如一颗璀璨的明珠镶嵌在富春江畔。在过去三千多年里，药祖文化在这里生根，隐逸文化在这里发芽，无数历代文人墨客在这里窥谷忘返。桐庐富春江夜游光环境提升项目的任务是既要展现富春山水的清丽，且需反映桐庐新时代的城市活力。

项目范围主要是桐庐县最重要的城市主轴"迎春南路段"及富春江沿线"一江两岸段"，包括城市核心迎春南路沿线近 50 幢建筑、中心广场、江岸沿线 60 幢建筑、4.5km 岸线、3 座桥梁的整体光环境设计（图 3-12）。设计立足于桐庐诗画底蕴与自然风貌，从宏观、中观、近人三个尺度选取城市山水横轴与城市纵轴将山水清音的诗画长卷与潇洒繁荣的城市立面进行有机串联。

潇洒桐庐之名，出自北宋范仲淹的《潇洒桐庐郡十绝》。"潇洒桐庐郡，千家起画楼。相呼采莲去，笑上木兰舟"，潇洒桐庐不仅是对自然山水禀赋的赞誉，更是对灵秀人文历史的称颂。在调研中，注意到迎春南路的沿线建筑群组由南至北呈现出清晰的段落式分布状态，城市的功能定位也有据可循。因此设计以"富春迎宾""城市印象""慢行生活""滨水画卷"来归纳各段特点并有针对性地进行光影组织（图 3-13）。

在富春迎宾段上，大片草坪由道路两旁向外延伸，绿树成荫且多而不乱，与小型灌木形成一个个组团景观。设计采用纯净的单色光，局部保留彩色但大幅降低饱和度，尽显景观大道的开阔疏朗。迎春商务段是高层建筑最为密集的段落，12 幢 100m 以上的建筑鳞次栉比地呈现出桐庐的城市繁华，设计选取这一段落设计了联动的立面媒体投影，展现了繁荣富庶的现代城市图景。

过了商务区就是以低层建筑为主的慢行生活段，这一段的建筑大部分建设于 20 世纪 90 年代，因此灯光仅以简洁笔触描摹建筑结构，或洗或晕，着墨节制。行至迎春南路尽端，富春江迎面而来，青山绿水迤逦展开。这幅滨江画卷的南岸建筑延绵成屏，北岸山丘蜿蜒起伏，光环境设计也依据南北岸的特点展开。

南岸"江城锦绣"段勾画现代都市轮廓，远看岸边建筑群与岸线融合一体，高低错落，选取饱和度低的色彩缓慢联动，让人们走入现代版富春人居的光影之中。

北岸"江山秀美"段则相对安静，桐君山这座于桐庐而言承载了诸多文化底蕴的山，早年间曾实施过山体亮化，是以山体立杆投光结合大功率点状光源的照明手法，但整体亮度过高且色彩过于艳丽饱和，大功率点光源造成众多爆点。本着充分利旧、微小更新的原则，关闭大功率点光源，调整山腰处灯具的点位，减弱过于饱和的光色并降低山体整体亮度，将山体纳入整个控制系统之中以实现与整体岸线光影联动呼应，轻拢慢捻，丝丝相扣，将春江花月夜的情境用光影娓娓道来（图3-14、图3-15）。

作为城市夜景的窗口，迎春南路与富春江岸的建筑媒体墙承载着城市展示、旅游推广、商务宣传等不同的需求，且桐庐源远流长的文化与历史也需要在这里有一个专属的表达。在业主的组织下，设计团队与桐庐文旅局组织各界人士进行多次座谈，深入了解地方文化背景，为桐庐谋划各个节日专属的光影场景。

2021年桐庐推出富春江夜游，但游船原有的功能照明不能提供夜游的氛围感，应业主要求本次设计也整体考虑了游船的夜景视效。通过对船舷、船体的垂直照明以及局部的装饰点缀，强化船体的结构特点。船行江上，波光粼粼，在江风轻抚中看晚霞与两岸光影相映成趣，且游船也成为富春江夜景中移动的风景。

图3-13 总平面图

图3-14 从南岸鸟瞰富春江光影（贾方 摄）

图3-15 富春江二桥场景（贾方 摄）

图 3-16 从桐君山看富春江两岸光影（梧桐雨 摄）

富春江夜游的总航程约为 1 小时，富春江二桥正好位于航程的中心，也是此次设计中着力刻画的迎春南路与富春江两大轴线的交汇点。这座建成于 20 世纪 90 年代的大桥是桐庐县城最具标志性的跨江桥梁，总长 859m，宽 37.8m，桥拱的晴空蓝涂料色调活泼。设计在大桥两侧布置了配有拉伸透镜的 4000K 投光灯，洗亮晴空蓝色调的桥拱，同时为了丰富游线，在桥跨处设置 3D 水龙。在光影绰约中，水龙开启，动静相宜，生机盎然。

3.5 山水清影，富春新姿

富春江沿线的江堤步道深受桐庐百姓的喜爱，无论清晨或傍晚，在江边散步、休闲的市民络绎不绝。沿江步道的景观照明也是此次提升的一个重点，既提供安全、舒适的功能照明，又点缀局部创意小品，促成一些不经意的惊喜（图 3-16）。

设计充分考虑增量结构调整与存量提质改造的结合，旧与新互补，改善旧有照明设施的效率，提升整体光环境质量。本次设计涉及的迎春南路段及江岸沿线近 110 幢建筑中不乏已实施照明的楼宇，但由于实施年份不一，灯具老旧失修、光衰严重、色彩不一成为制约光环境效果的主要问题。

经过反复调研、踏勘，设计团队对所有楼宇的既有照明设施进行了梳理摸排，保留照明设计合理、品质尚佳的设备机组加以再利用，同时筛选出状态不佳的进行拆除替换，并为未实施照明项目的楼宇进行增设，最终通过统筹纳控的方式实现灯光效果的协调统一。设计按商业、办公、住宅三类进行亮度规划控制，合理设置基准亮度，采用3000K的暖白光营造整体夜景氛围，在重点区域与重点建筑中则采用彩色光微动态调整的方式。

在设计与实施过程中，智慧节能体系的升级成为本项目践行低碳减排的重要举措。桐庐的控制系统建设时间较早，主要采用单体楼宇脱机控制方式，与杭州市级平台不兼容。受限于管线及容量控制，也没有纳控迎春南路上的多数楼宇。如何提升控制平台的效能并接驳市级总平台，并将本次设计范围内的建筑物、构筑物、景观照明悉数纳控，成了设计的一项重要工作。经悉心调研、仔细摸排与严密论证，设计团队与业主将智慧照明"一把闸刀"系统引入，接入市级控制中心并细分场景模式，满足了实时监控、节目控制、远程调控、主动上报、远程配置等功能，从而实现了节能减排的初衷并提高了管养效率。

在城市更新类项目中结合既有建筑物与构筑物因地制宜、适时适度地进行合理化的光环境设计，是一项既有挑战又有意义的工作[1]。从城市古典意象的呼应，到现代气质的诠释，再到光影艺术与智慧节能的平衡，本次光环境设计提供的不只是一个亮化方案，更是一套智能化的人文生态光环境综合系统。

当夜幕降临，从高速桐庐下口进入桐庐，城市以灵动的光影迎接每一位回家的市民，也欢迎每一位到访的游客。无声诗与有声画，须在桐庐江畔寻。设计将智慧、现代、富春韵味等多重要素有机融合，充分展现了当下城市光环境的设计理念，也向世界递出了一张名为潇洒桐庐的闪亮名片。在城市更新背景下的文旅夜游推广，是桐庐在旅游发展新时代背景下的重要尝试，在此次尝试中光环境设计努力交出一份既能推动旅游经济增长，又能让市民享有获得感的答卷（图3-17）。

---

1 当今人们对光环境的认知随着科技的进步与生活水平的提升有了更加清晰的追求，设计也要在这个背景下去适应新兴技术所带来的变化。参见：马驰，秦和林. 健康光环境设计的研究与应用分析[J]. 灯与照明，2023(3)：81-85.

图3-17 富春江南岸光影（贾方 摄）

第 四 章

绮丽：花好月圆

灯火阑珊

基于法象合一思辨的建筑光环境设计分析

图 1-1 杭州亚运花卉园种子广场光影(贾方 摄)

图1-2 从奈侧看花卉园和钱塘江光影（贾方 摄）

4.1 神存高洁，芬芳共舞

"江南忆，最忆是杭州"，杭州亚运花卉园充分利用地处江南特有的地理优势，将种类繁多的花卉及相关植物构建成一个系统化的生态群落。基于园区的先天有利条件，光环境设计通过光影映衬，利用"种子的故事"这条线索融入"陆海丝绸之路"主题，将园区内的六个节点有机地串联起来，编织成一幅耐人寻味的时空光影画卷（图 4-1~图 4-4）。亚运赛事及其所引导的热情是欢快的，花卉园中的奇花异草是瑰丽的，光环境设计则更注重体现出园区的雅致。设计通过低位照明模式来考虑近人尺度空间舒适性（图 4-5），并充分利用不同植物的高差来对相关灯具进行视线遮挡，提升园区的空间体验层次[1]。

同时，悉心考虑各种植物的生长特性，根据其生长的特性和可能的生长高度变化来动态调整相关灯具设施的位置和角度，提供适宜于花卉正常生长的光照条件，致力于让光影衬托花卉与诸多植物之美，为游客呈现杭州花卉园中的绮丽夜景，同时避免因过度光照导致植物花芽过早形成或抑制开花（图 4-6）。

"种子广场"中核心位置的松果造型由 108 片"松瓣"搭建而成，采用全天然竹构件编织，设计在竹片槽内设置了柔性洗墙灯，所有管线都包裹在竹制构件中，解决线路敷设的同时保证了松果造型的整体美感（图 4-7）。从园区的使用中看，整体光影效果正如设计所预期的柔和与舒适，烘托了花卉园的自然之美，提升了园区整体的观赏效果（图 4-8、图 4-9）。

4.2 浓尽必枯，淡者屡深

花卉园作为一种主题公园，除具备观赏、游览、体验以及休闲、娱乐等基本功能外，更强调花卉的品种、特色、配置、观赏

图 4-3 从西侧看花卉园光影（夏阳 摄）
图 4-4 花卉园光环境总体布局鸟瞰效果图
图 4-5 园中小径光影效果（贾方 摄） 图 4-6 花丛与点光源（夏阳 摄）

---

[1] 结合具体位置或采用 3D 打印竹筒灯，或采用地埋投光灯，精心推演各个角度的光影效果。参见：周笑楠，王小冬，何妮雯. 以照明为手段解决花卉园困境的实践初探——以亚运花卉主题园为例[J]. 照明工程学报，2024(4)：183-188.

图 1-7 种子广场的松果光影（贾方 摄）
图 1-8 竹廊盆架的光影（贾方 摄）
图 1-9 其乐融融的游客与光影相得益彰（夏阳 摄）

组织等内容，通常通过独具地方特色的主题花卉景观配置来展示园区的创意与吸引力。

然而随着各地花卉园的陆续推出，该类园区的困境也随着社会关注度越来越高而逐渐凸显，比如各地花卉园中的景观铺陈显得同质化、极具地方特色的主题花卉过季后的景观缺失、花卉的跨年养护带来的园区运行与维护困难等问题。一方面是难以满足广大游客日益增长的观赏体验需求，另一方面是使得一些原先曾红火一时的花卉园难以长效运营。

因此，如何对花卉园的景观设计与参观引导进行创新，探索在"非花期"时间段维持园区的吸引力、丰富游客的观赏体验受到越来越多的重视。杭州亚运花卉园通过光环境设计与营造，增强花卉园节点空间之间的引导与串联，对亚运会文化内涵的赛后展现起到了延续作用，也为探索城市主题花卉园的可持续发展进行了有益的尝试。

杭州亚运花卉园在设计之初就充分考虑赛后的可持续运营问题，光环境设计采用多模式照明控制来综合应对赛时与赛后的园区活动需求。在赛后的日常运营中园区采用单回路交替亮灯模式，节假日则营造多样化的场景模式，这样既可满足多元的光环境情境需求，又实现了城市景观照明的精细化管控，将亚运会赛事期间的短暂辉煌转化为城市中一个长期的景观亮点，也为亚运景观的保留和园区整体节能提供了保障，促进城市的夜间经济发展（图4-10~图4-12）。

在"乘风破浪"节点中，传承丝路精神的文化符号呈现为五艘帆船，帆船上的风帆通过点光源的组合排布形成了多幅别具特色的显示屏，赛事期间用来播放比赛场景，赛后则作为广告载体为园区运营提供一定的经济效益（图4-13）。

光环境设计充分考虑不同主题的活动需求，积极促进城市夜间多元化新业态的发展，通过光影情境营造氛围来增强非花期的园区观赏效果。花卉园的光影空间是充满温馨的故事载体，理应与人们不断发展的生活需求保持同步（图4-14）。

图4-10 松果造型的内部光影（贾方 摄）　　图4-12 种子吊坠的光影（夏阳 摄）　图4-14 光影故事与城市记忆（夏阳 摄）
图4-11 花卉园中部夜景鸟瞰（贾方 摄）
图4-13 风帆的光影（夏阳 摄）

灯火阑珊

图 4-15 温州曼迪文婚庆同心环灯光影(罗万 摄)

4.3 霞漫堂前，灯映华屋

温州肯迪文酒店室内光环境设计项目是酒店与时尚品牌的跨界联袂，项目亮点是从酒店公共空间到宴会厅均着重以光环境设计为主导来打造一座象征极致浪漫的婚礼殿堂。

光环境设计注重层次和空间感的营造，通过不同色温渐变的光源布置，利用光影打造绮丽高雅的动态光影效果，巧妙地营造出婚礼殿堂梦幻且神圣的光环境。设计既彰显了品牌的特色，又体现了节能环保和人性化设计理念。通过光环境的增色来赋予婚礼殿堂雍容华贵的浪漫，这也是光影献给城市的一份温馨。建筑光环境设计须充分研究特定情境中使用者的行为习惯与心理感受，并充分考虑发展的可能性[1]，反复推敲人的本质需求以及构建光影与人的和谐关系（图4-15）。

在布局和光源选择上，设计充分考虑了空间的功能需求和视觉效果。光环境设计中充分考虑了光与空间的互动关系，公共空间中会遇到许多反光材质和造型感突兀的装饰与空间结构，通过因势利导的光源布局和光影效果营造可以化被动为主动。

设计必然会涉及城市中方方面面的人，须充分认识到人的需求是有层级的，人的"生理需求""安全需求""归属与爱的需求""尊重需求"乃至"自我实现需求"是层层递进的[2]。

4.4 座中高朋，伴客弹琴

设计考虑了全场景、智能化、个性化、主题化的模式，通过空间光影来创造空间记忆点与话题性，注重宾客的细微体验，使美好时刻得以成为恒久记忆。充分考虑界面材质对光影的映射效果，在光影变化中为新人定制专属的浪漫光环境（图4-16）。

---

1 梳理出与各方需求相适应的设计平衡点，并判断该设计平衡点是否具有足够的弹性来支撑动态变化发展的情境。参见：李宁. 理一分殊 走向平衡的建筑历程[M]. 北京：中国建筑工业出版社，2023：124.
2 空间不是刻板的器物与符号，而是生活的载体和背景，是充满人性情理的故事载体，并与人的多样化的需求密切联系。参见：董丹申，李宁. 知行合一 平衡建筑的设计实践[M]. 北京：中国建筑工业出版社，2021：12.

图 4-16 酒店婚庆殿堂的光影（贾方 摄）

图 4-17 大堂"万花筒"光影意象（贾方 摄）

图 4-18 从二楼俯瞰大堂的光影（贾方 摄）

图 4-19 廊厅光影（贾方 摄）

鉴于酒店大堂空间界面主要采用米色、浅棕色等肌理丰富的装饰板材，建筑光环境设计采用"万花筒"为空间光影意象，呈现出丰富且饱和度较低的光影色彩。作为视觉重点，光影以"花信"为情境主题，即在不同月份举办的婚礼中，新娘可以选择喜欢的花作为"万花筒"的主调，届时，鲜花与光影相映成趣。

设计在大堂空间中采用柔和而明亮的光色，并配置多种双色渐变模式作为特定时态中的选择项，以此营造出婚庆典礼中"非你莫属"的甜蜜氛围（图 4-17~图 4-19）。

从调研和访谈中可以发现，当人们在特定的光影情境中能够感受到自己被尊重和他们参与的内容得以体现时，其"自我实现需求"相应地就获得一定程度的满足，他们就会主动地成为此光影情境的维护者和宣传者。

温州肯迪文酒店的光环境设计项目成就了一座极具婚庆仪式感的高雅婚宴殿堂和艺术中心，不仅为酒店营造出了独特而舒适的室内环境，也提升了酒店的品牌价值和竞争力。

同时，设计也希望通过这个项目，以光环境设计的方式化作丘比特，助力纯洁恒久的爱情步入神圣的婚礼殿堂，同时也为专题类酒店的光环境设计提供了有益的借鉴（图4-20、图4-21）。

图4-20 百达翡丽厅的光影变化（贾方 摄）

图4-21 大宴会厅的光影（贾方 摄）

灯火阑珊

图 4-22 绍兴北纬 30°地理馆夜景鸟瞰（贾方 摄）

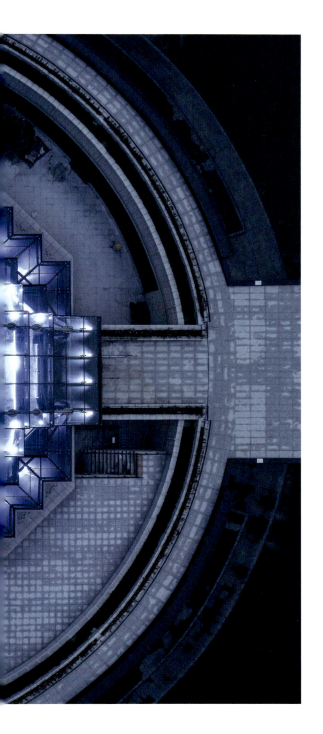

4.5 天地玄黄，只此青绿

绍兴北纬30°地理馆的外墙由多个玻璃块面组成层层叠叠的方块，形成富有层次感和节奏感的塔式外观，是我国首个以"北纬30°"为主题的展示馆。作为绍兴市中心的主题展示馆的建筑光环境设计，同时要统筹好包括大善塔和城市广场在内的整个园区的光影氛围（图4-22、图4-23）。

光环境设计除了关注历史、传统、文化、气候、建筑风格及材料工法等方面之外，还要积极关注此时城市中居民的生活样态、行为习俗、人际关系等内容[1]。在设计中不自以为是地预设立场，尊重建筑与基地既有样态并谨慎地介入，在"法象"互动中进行动态匹配，才能发现最适合特定人群与特定情境的应对策略。

地理馆外墙为高透的三银Low-E玻璃，光环境设计重新梳理建筑内外幕墙结构，将灯具安装在建筑的内部幕墙百叶上，兼顾了高透玻璃表皮下灯具的隐藏性和照度，通过照亮建筑内部幕墙的漫反射光来展现出建筑的体量。在光色上选取白色、柔和的金色为主色调，同时选择极具神秘的紫色与代表古城元素的金红色作为节庆色调。在灯具的安装上充分考虑整体的统一性，不断调整灯具和遮光板的角度，最终实现室内和室外都看不见一颗光源灯珠。设计根据不同的光影色温调配，协调了立面玻璃本身颜色对光影呈现的影响，最终呈现如水晶般通透的效果（图4-24）。

青山、水乡、竹林、人文是绍兴的几大特色，设计从中提取了色彩元素，搭配出"国庆红""除夕黄""亚运紫""秀水蓝天""只此青绿""白墙黛瓦"等中式色彩，将带控制的LED线型灯预埋在广场上"北纬30°线"的位置，并将地面的"北纬30°线"与建筑光影联动形成亮灯仪式，凸显北纬30°线的地理文化指征意义，并强化绍兴城市广场的地标性。

---

[1] 建筑在不同的时间里会披着不同的外衣，有时候似乎建筑就是源于经济、社会科学、立体空间或历史传统，但建筑其实是源于生活文化、源于生命，除此之外的学说，派别都是末节。参见：劳燕青. 环境中的事件模式——江南水乡环境意义的表达[J]. 新建筑, 2002(6): 60-62.

灯火阑珊

图 4-23 从东北侧看大善塔和地理馆的光影（贾方 摄）

绮丽：花好月圆

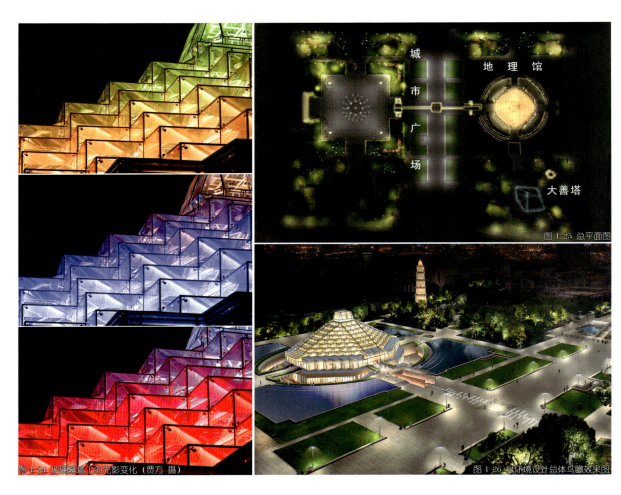

图 4-24 玻璃幕墙上的光影变化（贾方 摄）
图 4-25 总平面图
图 4-26 光环境设计总体鸟瞰效果图

绍兴城市广场作为绍兴市民的聚集地，也是北纬30°线的承载地，是地方特色与世界文化的结合点，地面上通过地砖灯勾勒图腾，与旱喷纹路内外呼应（图4-25、图4-26）。

当设计者真正理解"特定为人"时[1]，听取不同的声音就变得简单和自然，进而在光影呈现中得到相应的体现，可以满足各类人群的"尊重需求"，甚至达到"自我实现需求"的高度。

听取不同的声音并不意味着否认光环境设计者的主观能动性，而是让光影情境与人们的诉求更好地结合到一起。

从场所的整体氛围考虑，绝非生硬地将光影空间与人叠加在一起，而是提供有感染力的光影情境吸引人来参与其中，演绎出城市新的故事[2]。

---

[1] 关注到每个阶段所涉及的诸多使用者、管理维护者、投资者、周边居民等各类主体，体察方方面面的利益诉求，并在设计的过程中通过各种手段予以回应和体现，方能让建筑源于人本而归于人本。参见：胡慧峰，李宁. 法象良知 平衡建筑十大原则的设计体悟[M]. 北京：中国建筑工业出版社，2024：5.

[2] 人们认知这个世界的媒介是周边的日常事物，与人的日常认知相平衡的建筑容易被接受和共鸣；而与日常认知相冲突的建筑，比如怪异的造型、超人的尺度等等，则会给人们带来压迫感。简朴、自然而又富有禅意的"日常性"理念，正是一种不张扬、平和的态度，与我国传统文化中的生活哲学一脉相承。参见：董丹申，李宁. 在秩序与诗意之间——建筑师与业主合作共创城市山水环境[J]. 建筑学报，2001(8)：55-58.

第 五 章
清奇：海色丹青

灯火阑珊

图 5.1 宁波市象山县中心城区场景（贾方 摄）

清奇：海色丹青

灯火阑珊

图 5-2 中心城区夜景总体鸟瞰（贾万 摄）

5.1 一曲渔光，万象山海

在当下的社会整体节奏中，许多人主要是在夜晚才有放松的心态来欣赏一座城市、一片街区、一座建筑，于是建筑光环境设计的重要性就愈加为社会各界所认识。在恰到好处的空间光影变化与组合中，不论是别具匠心的细部渲染，还是整体和谐的层级氛围[1]，都能传递出特定城市的内在气质和文化底蕴，无言地讲述着特定城市的前世今生。

对海滨城市来说，让充满大海浪漫气息的城市展现出特有神态和诗情海韵，是建筑光环境的设计着力点。海滨城市应有符合大海气息的体验感，通过文旅交互的光环境设计来进一步激发城市的环境活力[2]，在城市街区交接部位、滨海区域、道路交汇处的建筑外立面等不同的空间场景中，以技术协同的综合思路采用点光源、光带、投影等组合方式可营造出独特的光影情境[3]。

同时，加入局部环境照明，利用特定的城市标记进行投影变换，增加光影上的新鲜感和城市标记的似曾相识，使城市空间在点点滴滴的情境积累中再构筑新的感染力（图 5-1、图 5-2）。

5.2 海韵迎潮，渔舟唱晚

从具体项目实践效果来看，须通过富有变化的内外空间界面序列组合来强调不同空间层级的界面开放度和连贯性，进而从建筑单体细节到城市空间变化都推敲光影所要承载的内涵。在宁波市象山县中心城区的光环境设计与营造中，始终在动态平衡中把握光影介入城市的适宜度，进而致力于把技术升华为艺术。

---

1 平衡好技术应用与环境整体的协同关联，是焕发出属于空间本体生命力的关键所在。参见：董丹申，李宁. 走向平衡，走向共生[J]. 世界建筑，2023(8)：4-5.
2 设计中的各种诉求是非常多元的，这些诉求互相影响，彼此制约，没有哪种诉求比另一种更加高级或优越。只有应对诉求的解决方式是否合适和巧妙，使各种诉求最终达到一种平衡。参见：许逸敏，李宁，吴震陵，赵黎晨. 技艺合———基于多元包容实证对比的建筑情境建构[J]. 世界建筑，2023(8)：25-28.
3 从最基本的"看得见、看得清"到"看得舒服"，再到"看得身心舒爽"，就是从"照明设计"到"光环境设计"的提升过程。参见：马驰，秦和林. 健康光环境设计的研究与应用分析[J]. 灯与照明，2023(3)：81-85.

图 5-3 象山港路光影（贾方 摄）

如今下高速进入象山县的象山港路，就会发现这座三面环海的小城之夜欣欣然有了新的气象。华灯初上之际，城市动脉象山港路的沿街建筑次第亮起，散发出温暖时尚的气息。天安路口愈加呈现出城市核心地段的商业活力，客运中心、佳利大厦、万豪酒店、博浪海港城、维也纳国际酒店、象山文化广场等建筑围合成一幅现代海滨城市的动态立体图卷，而赵岙岭隧道口的大片城市绿化也应和四季呈现冷暖色不同的夜景。

作为北纬 30°最美海岸线上的千年渔乡，象山县一直有着山海雄奇的生态景观、千年渔乡的乡风民俗、波光银滩的运动潮流、舌尖跳跃的海鲜水产、渔舟唱晚的舒适悠然，自古以来许多文人墨客流连于此，留下了许多诗词佳篇。但作为现代化滨海花园城市，曾经的主城区一到夜幕降临，除了夜排档和美食街就几乎无处可去了，连象山港路、天安路这两条城市主干道也只有路灯，一些市民晚上休闲健身的场所也存在照度不足的问题。

当前，象山县正坚定不移地实施"海洋强县、美丽富民，都市融入、变革驱动"两大战略，营造现代版万象山海新图景。不论是提升城市形象，还是满足居民所需，城市光环境改造都迫在眉睫。有温度、有情怀的设计不仅要仰望星空，更要脚踏实地，一期工程的重点也放在了象山港路、天安路这两条城市主干道上。如果说象山港路是城市入城的主干道，承载着主要交通功能、展示城市对外形象使命的话，那么由北向南的天安路则记录了城市的变迁历程，讲述着城市的前世今生（图 5-3）。

本次光环境设计是在象山县总体规划确定的中心城区空间结构基础上，结合当前城市发展态势与城市功能发展导向，优化城市功能结构与片区发展定位，以人为本，以文化为魂，打造具备"山之秀、海之阔、田之情、城之韵"的城市光影。

明确了宏观方向，接下来便是一系列细致的落地实施。设计团队反复穿梭于大街小巷中进行现场调研，对接上位规划，寻索象山县独有的城市特色和文化根脉，提出贴合城区现状、对标滨海花园城市的主题方案。在项目相对大的空间范围、相对紧的时间进度中，与建设单位等共同努力，有序不紊地推进。

为了使城市各个节点的灯光符合实际需要，更契合城市场景的"情绪"，设计设定居住空间采用暖色调、金融办公与高层公建等采用冷白色调、商业等有选择地结合彩色光，而公园景观等结合四季融入季节色彩模式。

光环境设计通过梳理城市文化脉络，通过光影组合，在各个节点上用"亚运蓝、节庆红、平日暖"等灯光编织出量身定做的视觉体验，并凸显城市街巷的市井烟火气，以百姓喜闻乐见的空间光影来进入居民生活的日常（图5-4、图5-5）。

随着公共建筑、道路、公园、广场等节点次第亮起，城市各处的光影互相映衬又各具特点。城市的夜景因而活力绽放，市民在晚间也有了可游、可赏的所在。象山县在打造现代化滨海花园城的战略部署下稳步推进城市建设与经济发展，有理由相信在奔赴未来的途中会有更多美好的光景。

同时，富有层次的光环境通过"精准微更"的方式来营造城市明暗有致、层次丰富的光影氛围，贴合城市与市民最真切的细节需求，既为市民增添了出行的便利，也让城市风貌更具韵味。

光环境设计对整个城市而言，起到了针灸与按摩式的治疗效果，而非采用截肢之类的手术。正因生发于城市自身的演变之中，使得外来的参观者觉得海滨城市原本就是要有这般的光影匹配，使得当地居民觉得这氛围好像一直在这城市与街区里的，无非激活了其中的光影情境。

图5-4 总平面图　　　　　　　　图5-5 人民广场光影（贾方 摄）

灯火阑珊

图 5-6 舟山新城跨海大桥岑港湾夜景鸟瞰（贾方 摄）

基于法象合一思辨的建筑光环境设计分析

第五章

清奇：海色丹青

灯火阑珊

图 5-7 总平面图

5.3 灯映余晖，流光溢彩

当落日的余晖渐渐散去，舟山新城也开启了新的篇章。夜空下，灯光勾勒出绚烂的线条，将这座"海上花园城"渲染出流光溢彩的别样情趣。跨海大桥如同一条条流动的"彩带"，将城市两岸连接起来（图 5-6）。

舟山新城光环境设计根据"一湾三心、三轴多节点"的总体框架，分四期逐步完成了对舟山新城建筑、桥梁、街道、景观从整体到细节的落实。在光影变幻间，新城夜晚被逐渐扮亮，专属于城市的夜晚生活也在悄然变化着（图 5-7）。

城市作为活态的文化载体，不仅在于建筑实体，更在于各有形的实体中所蕴含的无形的文化内涵，量身定制的光环境映衬使得海滨城市空间的气质焕发出更加灿烂澎湃的光彩。在光影的映衬下，城市各层级空间界面在古与今、新与旧、内与外交融中促发了人与建筑、城市、文化的对话与沟通。

自 2011 年 6 月 30 日国务院正式批准设立浙江舟山群岛新区起,舟山群岛新区的开发建设就上升为国家战略,在行政区划上命名为舟山新城。舟山新城作为以海洋经济为主题的国家战略层面的新区,继上海浦东新区、天津滨海新区、重庆两江新区之后成为我国第四个国家级新区,经历多年开发与建设,舟山新城已逐渐发展为舟山市的行政文化中心。

城市逐渐生长,灯光也如影随形。设计紧扣舟山"山与海相望,城融于山海"的特点,选用"落日暖、海洋蓝"为光影的主色调,以"冷暖结合、以暖为主,动静结合、以静为主,艳雅结合、以雅为主"为原则,打造独特的夜景名片。

每当新城的夜晚降临,披上一抹暮色的楼体、桥体、海上游船化身为恢弘的"画布",任由光影之笔灵动挥洒。城市的建设发展有其规律,而舟山新城的光环境设计,也一直遵循现代化海滨旅游城市的发展规律,以光之画笔,呈现出一幅镶嵌在城市肌理之中的"海上长卷"。

在光环境设计总体布局的指引下,舟山新城中的 3 个核心区块、3 条照明轴、建筑与大桥等 60 多个节点逐步点亮,市政府大楼群组、体育馆、滨海大道、千岛路、海天大道、港岛大桥、新城大桥等诸多节点彼此辉映,相得益彰(图 5-8~图 5-11)。

2020 年以"海色映疏帘,华彩耀瀛洲"为主题的夜游精彩上线,以光影演绎的手法将新区沿海岸线的美丽风光和三座大桥的壮丽景观进行串联,更是将新城光环境之美推向新高潮。

图 5-8 远眺冷色光影中的跨海大桥与港湾(贾方 摄)

图 5-9 海天大道街景(贾方 摄)　　图 5-10 新城大桥光影(贾方 摄)　　图 5-11 港岛大桥光影(贾方 摄)

图 5-12 体育馆与周边街区的光影（贾方 摄）

5.4 海天长卷，光影作画

作为我国第一大群岛，舟山从先秦时期就开始承载着国人对海洋的梦想。怀古人而阅新颜，如何讲好舟山新城的新故事，翻开新的篇章，光影的加持是重要途径。

灯光秀作为城市情感传递的重要方式，是城市的名片，在与城市文化结合的过程中，以其特有的方式为市民与八方宾朋讲述着城市的过往、现在与未来。设计以单体个性化、总体系统化为原则，依托舟山新城的空间格局，结合亮化区域的建筑特点，灯具选择以点光源线条灯、投光灯为主，在保证整体完整、相对连续的照明风格前提下充分突出建筑的既有个性（图 5-12）。

舟山源丰商务大厦、报业传媒大楼、广电传媒大楼等 16 幢公共建筑相对集聚而形成了一个群组，且距海岸线水体较近，具有得天独厚的广阔观赏角度，设计最大限度地利用其邻近海面的优势，将这些建筑的外立面作为载体，根据各建筑单体的高低错落来实现灯光的多样性变化，以此自然勾画出鳞次栉比的光影效果。同时，面对各建筑外立面上复杂多变的幕墙，设计根据不同幕墙的类型灵活安装灯具以确保这些建筑在白天的视觉美感。

如今，从双阳码头启航，一次光影交织的艺术旅程便拉开序幕，不仅可领略舟山航海史上阶段性的进程，穿越历史长河去体会曾经的辉煌，更能感受"勇立潮头、同舟共济、海纳百川"的城市精神。舟山新城两岸的建筑、壮丽的大桥、城市的光影与夜游航线完美融合，编织出一幅海岛花园城的梦幻胜景（图5-13）。

光影对城市的价值得以彰显的同时，新的城市故事也正在书写，当前舟山新城朝着海上花园城样板区的目标奋力前进，城市区块的版图在不断变化。

就城市的生长而言，各种新的公共建筑与城市综合体的开发总是在不断进行的，这也是城市活力的体现，但从建设与管理的角度看，必须要纳入整体规划的框架之中，进而在光影交织的空间活力重奏中让这座城市变得更加动人。这一切不仅进一步验证了光环境设计保持延续与整体统筹的重要性，也把始于夜晚、但又不止于夜晚的理念印在舟山新城光环境设计的灵魂里。

光影辉映出舟山新城的浪漫夜空，也点燃了舟山新城的夜经济。在海风轻抚的游轮上举办的国内首场海上5G云演艺直播"水木年华"云歌会，火热地点燃了"舟游列岛，海岛生活节：遇见最好的你"的活动氛围，直播观看人次累计破千万，很多人在回忆青春的同时更感慨舟山新城的绚烂新姿（图5-14）。

图5-13 暖色光影中的港岛大桥与新城大桥（贾方 摄）

灯火阑珊

图5-11 舟山新城夜景鸟瞰（费力 摄）

图 5-15 游船与港湾的光影（贾方 摄）

5.5 港湾之夜，逐梦随风

曾几何时，当夜晚来临，大量的办公人群乘坐公共交通或自驾离开舟山新城，返回居住的普陀区与定海区，交通在阵发性的极度拥堵之后，舟山新城的街区黯然失色。

而现在夜幕中的舟山新城在灯光的映衬下美轮美奂，神采飞扬。除了日常普通模式，设计还设置了在春节、五一、中秋、国庆、教师节等多个节日里能够邂逅不同主题模式的光影，收获不同的惊喜和感动，这些也是与相关方面积极协调的成果[1]。

光与城市的故事还有很长，未来，舟山新城的光也将继续与城市共同生长。人们在城市、街区以及建筑单体的空间中，是通过光影的映照来识别不同空间的界面及其组合关联，城市既有建筑的客观条件是光环境设计的前置条件，同时须考虑城市运维中的旧灯处理、管道铺设与隐蔽等方面的细节，还需结合智能控制来确保光源夜间自动运行与亮度的动态调节（图 5-15）。

在舟山新城的光环境设计中，始终围绕人的需求来展开，尊重方方面面使用者的体验和舒适感。建筑光环境设计说到底是服务于人的，必须潜心推演并满足人们对美好生活的新追求，而不是为了灯光而铺设灯光[2]。

只有当使用者真心实意地喜欢城市中光环境营造的空间氛围，喜欢前来参与其中的活动，才能说明光环境确实起到了提升城市人居环境品质的作用，这也是验证建筑光环境设计是否有实际成效的一个标尺。

---

[1] 鉴于在设计与建设的过程中必然涉及与相关专业的协同，就必须避免将眼光仅限于自我专业的单一价值取向，在协同过程中强调共享、共荣，并以此获得更多的支持与理解。参见：董丹申，李宁. 知行合一——平衡建筑的设计实践[M]. 北京：中国建筑工业出版社，2021：114.

[2] 文旅夜游作为推动旅游业发展的新亮点，利用夜晚时间和空间为游客提供独特的体验，其中光环境在夜游环境的营造中发挥着重要作用。正因如此，更须在光环境设计中谨慎把握光影对环境的适宜性。参见：覃祯，刘延东. 文旅夜游场景中光环境设计策略探究[J]. 旅游纵横，2024(6)：80-82.

第六章
旷达：云淡风轻

灯火阑珊

图 6-1 富阳银湖体育中心东南侧夜景鸟瞰（贾方 摄）

第六章

6.1 林幽岩秀，时空画卷

"风烟俱静，天山共色""自富阳至桐庐，一百许里，奇山异水，天下独绝"，这些经典的文字，还有黄公望的《富春山居图》，让富春山和富阳名满天下，富阳银湖体育中心（杭州第19届亚运会射击、射箭、现代五项比赛场馆）就坐落于此。

基地西北环山，南侧临水，东侧连接城市。在基地中感受着富春山水的美妙，不禁会想起黄公望把自己对哲学、人生的思考抒发为山远、水旷、岩秀、林幽的全息式山水长卷，让人悠然向往融于自然的那份淡泊与平静。

富阳银湖体育中心的建筑立面以 300mm×520mm 百叶为单元模块，将37000多块可不同角度旋转的百叶组合出具有"富春江畔的一片烟云，一曲流水，一座寒山，一株古树"的图画，勾绘出富春江畔的风情。建筑光环境设计的核心就是配合太阳光照射与消隐的变化，平衡好万片百叶的综合光影效果及其与周边山水的整体关联[1]。

光环境设计以自然光为师，效法自然光影变化，再运用光影变化来质朴而平静地重新诠释自然（图6-1），随着光线变化而变化的空间界面光影如山林间的清风[2]，淡淡地拨动着人们的心弦。

6.2 奇山异水，百叶空灵

在建筑光环境设计中，针对11560块装灯百叶和15种百叶旋转角度，形成了225组灯具角度与百叶角度的动态组合。在构建视觉层次感的过程中，这些组合方式也对防眩光处理形成了极大的挑战。

---

1 平衡建筑所关注的"平衡"并非一种静止的完成态，而是在多因素作用下的动态平衡，是在不断地比选与重构中把握新的平衡点的过程，正如在惊涛骇浪中航行的一艘船。参见：李宁. 平衡建筑：从平衡到不平衡、再到新平衡[J]. 华中建筑，2024(6)：71.
2 多样性和多元化是这个世界如此精彩纷呈的原因，同一类型的项目在不同的时空条件下会呈现出截然不同的样态。此时此刻的平衡并不能代表下一秒还能取得平衡，此时的平衡样态也可能跟上一秒截然不同。参见：董丹申，李宁. 走向平衡，走向共生[J]. 世界建筑，2023(8)：4-5.

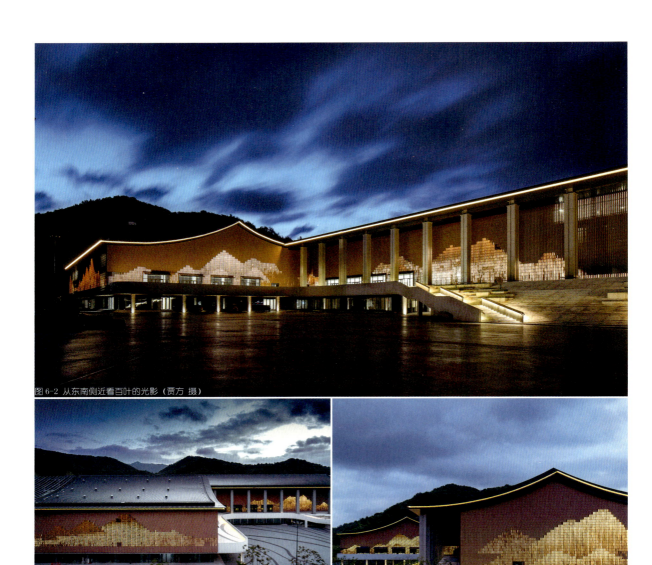

图 6-2 从东南侧近看百叶的光影（贾方 摄）

图 6-3 从南侧看百叶的光影（贾方 摄）

图 6-4 从东侧看百叶的光影（贾方 摄）

建筑光环境设计从遮光角度、定制透镜、外置灯罩等方面着手，严控眩光，确保契合每一片百叶能够精准受光，尽量避免在近人尺度层面上的视线干扰（图 6-2～图 6-4）。

鉴于场馆整体采用大面积玻璃幕墙，如何避免这 11560 套洗墙灯造成的溢散光也是光环境设计的重点。在仅有 330mm 宽的百叶幕墙与玻璃幕墙的空隙中，通过优化灯具外壳将每套洗墙灯及其附带管线围合在 70mm×55mm 的壳体内，不仅成功避免溢散光影响场馆比赛，也解决了幕墙背面电缆管线凌乱的问题。

"迤逦三千里,江山一卷横"。富阳银湖体育中心设计是一个系统化的项目,光环境设计与土建设计协同配合,将灯具隐藏于建筑构件中,并升级遮光系统,针对具体的节点逐一解决散溢光、顺向眩光等诸多问题,最终在晚间呈现出山影灵动、江山迤递的活的"富春山居图"(图6-5~图6-7)。

设计的过程就是各种复杂因素相互交织、各种资源力量相互作用的过程,其中任何一个因素和力量的变化都会带来平衡状态的改变,能否有效应对这种改变也是考验设计的试金石。

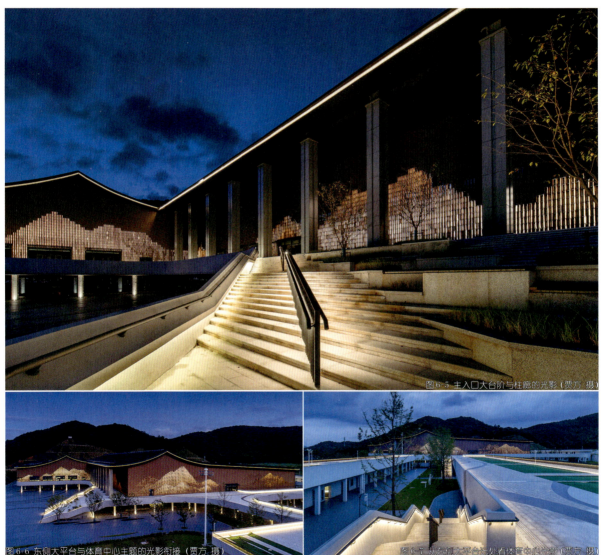

图6-5 主入口大台阶与柱廊的光影(贾方 摄)

图6-6 东侧大平台与体育中心主题的光影衔接(贾方 摄)

图6-7 从东侧大平台远处看体育中心光影(贾方 摄)

灯火阑珊

基于法象合—思辨的建筑光环境设计分析

图 6-8 仪征综合体育馆夜景总体鸟瞰(贾方 摄)

灯火阑珊

图 6-9 西侧夜景鸟瞰（贾方 摄）

图 6-10 西侧近景（贾方 摄）

图 6-11 台阶的光影（贾方 摄）

图 6-12 主入口的光影（贾方 摄）

6.3 静有湖泽，动伴腾飞

仪征综合体育馆位于江苏省仪征市东部，西邻老城区，东接经济开发区，北至文兴路，南侧为古运河路。

本项目在一定程度上是一个城市级别的体育公园体系里最为核心的部分，在整个体育公园的背景上，水系在这里蜿蜒，城市的公共人流在这里汇聚，漫步、轻跑、篮球、足球等各种运动与休闲活动都会在这里展开（图6-8、图6-9）。

体育类建筑的光环境设计必须根据体育建筑的工艺，结合运动项目的要求选择恰当的灯具，控制好照度、眩光等因素，从而提供舒适的运动环境，有助于运动员的发挥。本项目须兼顾体育专业场馆和城市公共建筑两个方面的需求，既要保证其作为举办江苏省省运会比赛场馆的专业使用，同时也要考虑其在赛后实现会议、展示和演出等公共功能转换的适宜性（图6-10~图6-12）。

因此，光环境设计策略紧扣这一点，针对不同的建筑部位采用贴切的光环境设计来满足不同需求并展现大型城市建筑的美感与张力。考虑到体育馆比赛大厅的气氛应比较热烈,光源色温控制在3500K左右,采用暖色调,可满足电视转播的需求。

建筑主入口大台阶处,通过将景观照明与功能照明相结合来体现公共建筑大台阶的特点。将灯具与扶手相结合,既保持了扶手的整体性,又在夜间起到了功能照明的作用。

针对体育馆外立面的幕墙结构,设计将灯具隐藏于幕墙的结构杆件中,不影响体育馆形体的视觉效果。灯具的排布与建筑立面相契合,做到"见光不见灯"(图6-13~图6-15)。

在大型沿河城市体育公园这个区位背景下,该体育建筑综合体作为其中唯一的大型且有相当视觉力度的建筑体量,在光影映衬中有效地装点了仪征市东部的城市区域空间。

图6-13 西北侧夜景鸟瞰(贾方 摄)

图6-14 北侧夜景鸟瞰(贾方 摄)

图6-15 西南侧夜景鸟瞰(贾方 摄)

灯火阑珊

图 6-16 从站前路方向远眺杭州南站的光影（贾方 摄）

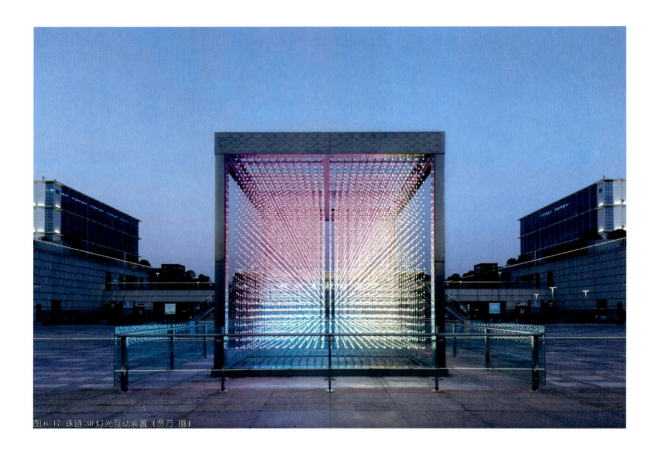

图 6-17 珠链 3D 灯光互动装置（贾方 摄）

6.4 宾朋夜归，门卷珠帘

杭州南站始建于 20 世纪 30 年代，见证了杭州市萧山区的历史变迁。该枢纽站点的最新亮相，给往来旅客的出行增添了温暖舒适感，同时也让市民们多了一个温馨的休闲去处。杭州南站光环境设计范围涉及站前的东广场与西广场、商城路、柳桥街、站前路和周边近 40 幢建筑单体，而最费思量的是，作为杭州市绕城内唯一集高铁、普铁、地铁、公交、长途客车为一体开发的城市枢纽，也是集交通、办公、商业等功能于一身的综合体，杭州南站的光环境设计必然是与诸多矛盾共生的。

如今在站前路就能注意到杭州南站的变化，暖白色的灯光晕染出站房的大气，广场周边产业楼宇峻拔英挺，广场地面上的彩色图案与广场中心的 3 组艺术装置呼应变化，杭州南站光影呈现出基于矛盾共生的张力而形成的亲和、生动、时尚与活力。

从城市视角来分析，杭州南站周边高楼林立，还有繁忙的彩虹快速路、通城路高架桥和通惠路高架桥，从高处往下看，杭州南站应当有一个相对整体的呈现。而置身于周边的某个位置观望时，看到的是杭州南站周边的楼宇群连成一片，高低起伏，富有节奏（图 6-16、图 6-17）。

从行人视角来分析，旅客在地面层行走需要穿越站前广场进入候车大厅，而周边许多市民也常常在广场休闲漫步。如何让旅客在这段路行走时安心、愉悦，如何让周边市民感受到这个城市大平台的活力与友好，是光环境设计的重点。经过精心设计与营造，完成以后的光环境实现了在不同维度上的精彩呈现。杭州南站的站房、广场与周边的建筑、道路以匀净而又有层次的白光形成完整、连续的城市界面，广场周边的产业楼宇顶端光电玻璃墙与广场上的灯光装置互动，投影图案远程智慧联动，可根据需求实现不同场景、不同模式、不同色彩的主题变化（图6-18）。

杭州南站是连接杭绍台城际铁路的站点，产业人才与商业精英在"萧绍平原"这块敢为人先的沃土集聚。城际铁路线模糊了城市的边界，借一盏茶的须臾，交通联动，共轨漫游，实现省会与地市、居家与办公的轻松切换。

为了巧妙地让"光"这一材料传达感知，将公共艺术自然融入杭州南站的光环境，设计做好"留改增"的"加减法"，在保留部分原有基础灯光上提升广场亮度，提高光环境趣味性。

图6-18 南广场光影鸟瞰（黄方 摄）

6.5 钱塘南岸，怡然萧山

在具体的光环境设计与建设过程中，许多复杂因素也是需要考量的。比如杭州南站的站房属于铁路局，不属于本项目范围，但站房是整个广场的视觉焦点。经过与业主的反复协调，最终设计采用了远距离投光的解决方案。经过高精度模拟、计算和现场试光论证，广场两侧投光灯以22°拉伸透镜和8°光束角的投光灯组进行搭配。灯具安装在6m的高杆上，在40m~100m外远距离精准投光，选用深筒自防眩灯光以呈现均匀通透的光影。站房的阔大挑檐被匀质打亮，在夜幕中如张开的怀抱，欢迎每一个往来的宾朋。而智慧控制的接驳，也实现了这个片区内站房及其配套建筑、街道、公建、住宅、景观、广场的光环境整合。

"杭州南站欢迎您"箱体装置是从原来的过街热力管改造计划中移植到广场上的，通过城市剪影的刻画与灯光色彩的变化形成了一组亮丽的公共艺术小品。在邻近广场的两幢楼宇顶部将导光板装置按照特定模数拼接形成了一组呼应的灯光装置，与广场上的灯光箱体互动连接，形成联动的渐变色。广场中珠链3D灯光互动艺术装置随时进行色彩与抽象图案的变化，并通过6个动态投影灯在广场地面上投射出丰富的主题图案。设计用极少的笔墨将周边几条街道上公建与住宅的天际线勾画相连，让整个区块的光影得以整合[1]。光影丰富并活跃了杭州南站这座枢纽与城市街区的夜间表情，实现了交通枢纽与城市公共空间的融合，也让杭州南站成为全天候的杭州南门户（图6-19~图6-21）。

杭州南站见证了此地近百年的岁月沧桑，在新时代里，杭州南站不仅只是一个交通枢纽，更是市民和八方宾朋共享美好的城市新客厅。

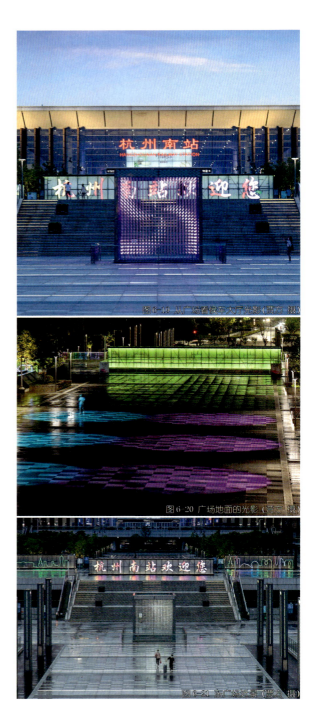

图6-19 从广场看候车大厅光影（贾方 摄）

图6-20 广场地面的光影（贾方 摄）

图6-21 夜广场远景（贾方 摄）

---

1 依据基地既有条件来延续城市街区空间记忆，传承城市脉络来整合特定街区新老区域的关联性，从具体操作的层面，记忆与识别、生长与更新、借鉴与呼应等策略对城市发展存量更新模式中激发新老区域活力具有较好的可行性。参见：赵黎晨，李宁，张菲. 基于城市发展存量更新模式的校园再生分析——以城市特定街区校园改扩建设计为例[J]. 华中建筑，2024(6)：81-84.

第七章
冲淡：润物无声

灯火阑珊

图7-1 光波凌空墙有意,石影穿池水无痕:孑民图书馆利用水面借景蔡元培故居的院墙来营造光影情境(贾方 摄)

第七章

冲淡：润物无声

灯火阑珊

图 7-2 子民图书馆及其周边环境改造夜景总体鸟瞰与砚山文笔塔光影（贾方 摄）

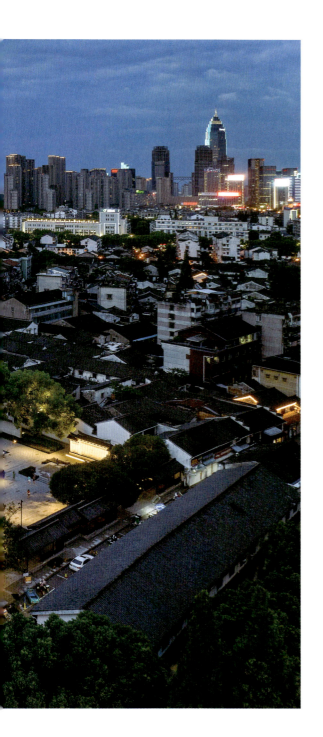

7.1 素处以默,妙机其微

只有促成人的活动和建筑空间的融合,才能使静态的空间成为动态的场所,恰到好处的建筑光环境设计能够更好地激发建筑空间的吸引力。在着意体现和加强环境熏陶作用的项目中,光环境设计更需考虑与基地既有物态与非物态因素的平衡[1]。

适度的光影烘托,可以渲染环境主题、强化空间情境,更可以触动人心并使人的情绪得到调节与抚慰。当下的建筑光环境设计越来越多地关注人性情理,推崇光影匠心,呼唤光影细节。光环境的细节设计是策略的支撑,而策略是细节的指引[2]。

在蔡元培诞辰 155 周年之际,绍兴市兴建子民图书馆并对其周边环境进行改造,以缅怀这位教育大家。蔡元培字鹤卿,又字子民,是著名的教育家、政治家、民主进步人士,任北京大学校长期间开"学术"与"自由"之风,堪称"学界泰斗、人世楷模"。

图书馆设计简约,符合蔡元培清廉简朴的精神品质,光环境设计用光影营造出传统的美学意境,进一步烘托环境氛围。整个项目整合了子民图书馆、子民剧院、蔡元培故居、蔡元培广场等资源,进一步突出蔡元培文化教育元素,既是对图书馆这个环境新部件进行的光影营造,又进一步映衬了周边的环境老部件,让绍兴这座历史文化名城更加璀璨(图 7-1、图 7-2)。

7.2 犹之惠风,荏苒时光

在整个基地中,鉴于改造的子民剧院处于西南侧紧邻解放北路的位置,是整个地块的入口建筑,因此一层入口处的灯光结合原有剧院建筑形式提前预留了筒灯点位,将 3000K 光均匀布在入口处的灰空间内,与混凝土建筑界面相匹配。

---

[1] 当人的活动和空间的融合被促成、社会空间被赋予文化自觉,项目也就有了全新开始。参见:王小冬,李宁. 隐于市而明于心——徐渭艺术馆建筑光环境设计回顾[J]. 建筑与文化,2023(7):11-12.
[2] 建筑设计方法千变万化,不变的是对美好生活的追求。从细节营造到宏观策略是一个不断平衡的过程。参见:许逸敏,李宁,吴震陵,赵黎晨. 技艺合———基于多元包容实证对比的建筑情境建构[J]. 世界建筑,2023(8):25-28.

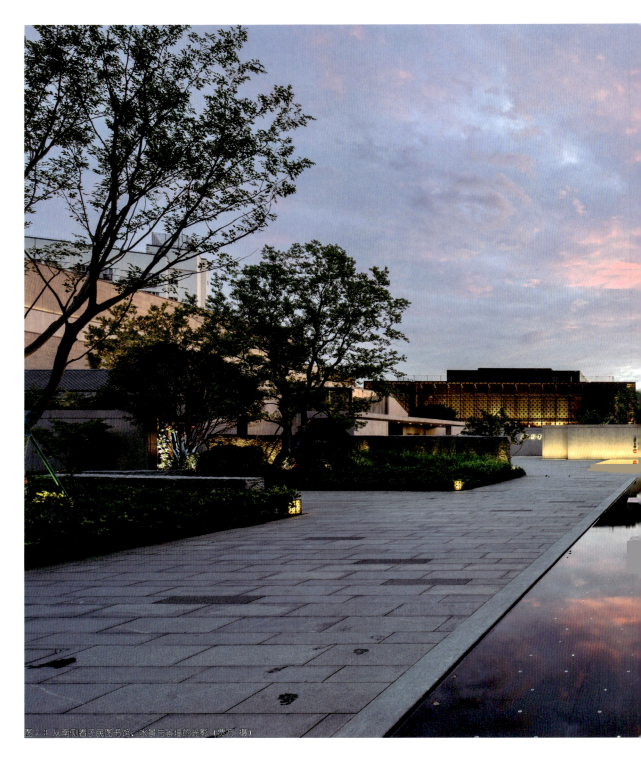

图7-3 从南侧看子民图书馆、水景与景墙的光影(贾方 摄)

冲淡：润物无声

图 7-1 子民图书馆光影与远处蕺山文笔塔（贾方 摄）

结合剧院幕墙花窗的内透光，营造故事性场景，迎送前来观剧的观众们。朝东行走进入蔡元培广场，南侧有榉树树阵，用精致防眩光照树灯形成上层光。在清凉自然的林下空间中，灯光与坐凳、水景、景墙组合出丰富的下层光。

广场北侧的阶梯式平台上布置了经过 5 次不同尺寸、不同材质打样试验成功的景观灯，构成了景观的一部分。灯具样式延续剧院幕墙的纹样，用 3000K 暖白色光色透过通体磨砂材料来营造温暖均匀的光影。结合水景来进行整体光影布置，呼吸式变化的光纤灯透过深色水面呈现出点点星光，强化广场的仪式感。

子民图书馆位于基地北侧中部，西边是子民剧院，东边毗邻蔡元培故居。隐藏于镂空幕墙与花窗之间的防眩线型洗墙灯，将图书馆温柔点亮，恰如夜色中的一个光盒子（图 7-3、图 7-4）。

7.3 廊前阶下，翠竹依依

图书馆与蔡元培故居之间形成一个小庭院，在小庭院中布置了一池浅水，这里正是传统故居与现代图书馆的衔接之处。在此近可看有国画意趣的玲珑山石，远可眺古越国的府山、蕺山与亭台楼阁。灯具巧妙隐藏于图书馆的幕墙中，打亮了水面与山石。

设计在图书馆幕墙内设置了7套小角度的3000K投光灯进行远投，经过现场反复调试，对每盏灯都进行精准定位，使得光影中的水面、院墙、山石呈现出静谧清雅的传统美学意境。

环境是一个综合的整体系统，有着自身的历史、现存和发展脉络，其构成原则不是唯美的，而是各方面的综合适宜，建筑光环境设计必然是与环境整体脉络密切关联的。

通过光影宜人、界面亲和、情境认同等设计策略的运用，力求使子民图书馆和周边改造的环境空间成为既有深厚历史文化底蕴，又有现代功能的城市书院，使公众流连其中，进而得到潜移默化的熏陶（图7-5~图7-8）。

图7-5 广场主入口的光影（贾方 摄）
图7-6 沙孟海先生题写的"学界泰斗入世楷模"照壁光影（贾方 摄）
图7-7 从南侧看竹林巷道光影（贾方 摄）
图7-8 从北侧看竹林巷道光影（贾方 摄）

灯火阑珊

图 7-9 西湖大学云谷校区夜景总体鸟瞰（赵强 摄）

图 7-10 校区中心区光影（赵强 摄）

7.4 环环相映，宁静致远

西湖大学云谷校区位于杭州市西湖区，以教学和科研区为中心，校前区、生活区和运动区围绕在外，呈同心圆状布置，并通过一条环形水系实现自然环、学术环、生活环的有机关联。

本土与外来、传统与现代，在这里自由地碰撞、交融，激发校园的文化活力与空间活力，环境空间作为展现校园文化和精神的物质载体，的确承载着镌刻发展记忆、振兴校园文化和彰显校园精神的使命（图 7-9、图 7-10）。

俯瞰整个校园，一条环形水系和 12 座桥梁打造了自然蜿蜒的水岸和人水和谐的景观，水环之内为学术环，主要承担着大部分教学、科研及交流功能。水环之外为生活环,集中了餐饮、住宿、生活、管理等功能,提供了学习科研之外的社交和休闲空间。

外实内虚的空间构成,产生了强烈的空间张力,空灵不失稳重的形态与穿梭其间的师生共同构成了生动的校园场景,从而形成独特的校园人文景观。

秉承绿色照明原则,以及师生、建筑、景观与光影和谐共生的理念,光环境设计结合校园特征,将西湖大学里每个建筑单体视作一个"细胞"单位,蕴藏着发着光的知识能量和信息,点亮的水环与生活环的道路共同构成了细胞之间信息的连接和传递。

大尺度的校园平台、多层次的展厅、平缓的坡道与台阶、开放的连廊,实现了内外空间、生活流线、景观视线的渗透,使师生充分畅达。强调均好性与舒适性,是西湖大学光环境设计的着力之处(图7-11~图7-13)。

光环境映衬中的开放共享空间是校园空间中最富活力的区域,是充满书卷气与趣味性的校园空间,是师生放松心情、交流思想、不经意邂逅的理想场所。

图7-11 校区主入口的光影(贾方 摄)

图7-12 水景光影(贾方 摄)

图7-13 庭院光影(贾方 摄)

7.5 苔痕绿阶，草色青帘

校园空间活力来自于空间功能的不确定性，因为人们非常乐于在一个空间内寻找不同功能，功能边界略有模糊的空间存在着更多的潜在活动。通过朴实有力、自由舒展的样态包容着校园各层级空间，进而在光影映衬中形成了丰富的光环境。

校园主要道路以截光型庭院灯满足夜间的功能照明，有效控制溢散光对环境生态的影响。分支小路以低位的草坪灯为主，着力避免对人的眩光干扰。结合景观设计布置地埋灯以及嵌入式灯带，使不同空间里有着丰富的光影层次。

建筑照明以 5000K 白色中性光表现建筑洁白清透的质感，景观照明则以 3000K 暖色光性营造舒适放松的视觉环境，光的使用力求做到精准，用最少的光效满足视觉和情感的需要。光环境设计严格控制光的照射角度，对灯具发光表面进行防眩光处理，最大程度上减少眩光问题。光环境设计的任务就是用充满想象力的手法来为潜在的活动提供可能性，为西湖大学的师生们营造一个和谐宽松、安全舒适的校园光环境。

光环境设计力求营造序列化的具有层级性与参与性、既可集会又可静思、适宜师生进行交流与思考的多维情境，组合出多样化的光影空间，又将自然的意象与现实的需求联通起来，让师生乐于参与其中，从而演绎出新的校园故事。

伴随着师生对于校园光影的感知、体验、理解、对话以及联想的整个认知过程，会不断调动自身已有的经验、背景知识等来进行心理对接，并形成再现性的、想象性的以及创造性的空间情境补白，适宜的光影空间为师生提供了心理想象的余地。设计立足于校园环境脉络之中，使光影空间可以激发师生的激情和创造力，从而促成更加生动的校园学习与生活场景（图 7-14）。

---

1 建筑的细部与整体一样镌刻着历史和文化，只有掌握了建筑的接受心理认知过程，了解怎样的建筑策略能够引起受众心理的认知与共鸣，才能够在创作中进行强化，形成相应的与接受心理活动同构的审美引导。参见：董丹申，李宁. 知行合———平衡建筑的设计实践[M]. 北京：中国建筑工业出版社，2021：54-55.

图 7-11 校区高低错落的光影与水景（贾方 摄）

第 八 章
自然：返璞归真

灯火阑珊

图 8-1 桐庐瑶琳仙境第三厅"天地玄黄"光影意象

灯火阑珊

图 8-2 第三厅"鸿蒙太初"光影意象

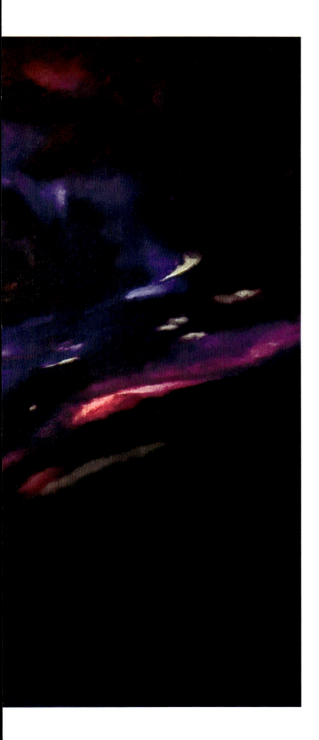

8.1 俯拾即是，不假外求

自 1979 年因机缘巧合被重新发现以来，浙江省桐庐县的瑶琳仙境曾先后历经四次灯光改造。此次瑶琳仙境的光环境设计则是在面对诸多溶洞景观同质化导致社会大众审美疲劳的大背景下做出的再一次主动求变，光环境设计尝试用光影去构造一种独属于瑶琳的"妙乐三章"。

最原始纯粹的风貌，无需过多的修饰。在以纯净白为主色调的第一厅里，喀斯特地貌的纯真本色在柔和的纯净白光下一览无遗。澎湃汹涌的流石如瀑布飞流直下，似乎激起了阵阵涟漪，在雄伟的地质之美前，观者胸襟会为之一阔。

青绿是桐庐的底色，凝结在富春山水之中。第二厅里的灯光颜色从朴素的自然光色向青绿山水色过渡，迂回曲折如同富春江水岸线的洞窟边界变化被勾勒出来，再辅以一片金色晨曦。可在此遥想富春江奔流到大海，欣赏蓝色水母与海天一色。

何处有仙？山外青山天外天。在第三厅的蓝紫色与橙黄色对比渲染而出的天空里，星河一片灿烂。"玉柱擎天"照耀神仙洞府，"瑶琳玉峰"直指"宇宙苍穹"。浩瀚缥缈的仙境之美，在这里随着日月星辰运转。

峰回路转，光影万千。光影所谱的"妙乐三章"，是从地质到山水再到仙境的一轮审美递进，也是光影情境的互动体验。以数亿年计的自然年轮迈入新的时代，瑶琳仙境将凭借这新时代的光与影继续耀目（图 8-1~图 8-4）。

8.2 适时花开，真与不夺

瑶琳之"仙"，在于大自然的神工鬼斧。二亿七千万年前的瑶琳地区曾是一片浅海，在漫长而复杂的造山运动作用下，这里又形成了喀斯特地貌。瑶琳一带的山体石质以石灰岩为主，富含二氧化碳的水流经过喀斯特地貌的裂缝下渗与瑶琳山体的石灰岩产生化学反应。

图 8-3 石瀑光影(宋洛颖 摄)

第八章

自然：返璞归真

在湿热环境的作用下，石灰岩发生溶解，再经过地下水的反复冲击，形态丰富的溶洞就成型了。洞内时而流水潺潺，时而奇峰耸立，拾级而上或蜿蜒而下，通幽曲径变幻莫测。随着地势高起低伏，可发现石壁上有海洋水纹，这又让人如置身海底，而脚下那奔流万年的就是深不可测的地下暗河。

碳酸钙层层析出，自下而上生长了几十万年的石笋之王"瀛洲华表"足可称奇，千百奇石竞秀的直上"三十三重天"如梦如幻。浑然天成的"幽、深、奇、秀"之变化，是瑶琳之"仙"的本然样态，在时空无涯的神奇洞府里，这由大自然亲手打磨的仙境，亦真亦幻（图8-5~图8-7）。

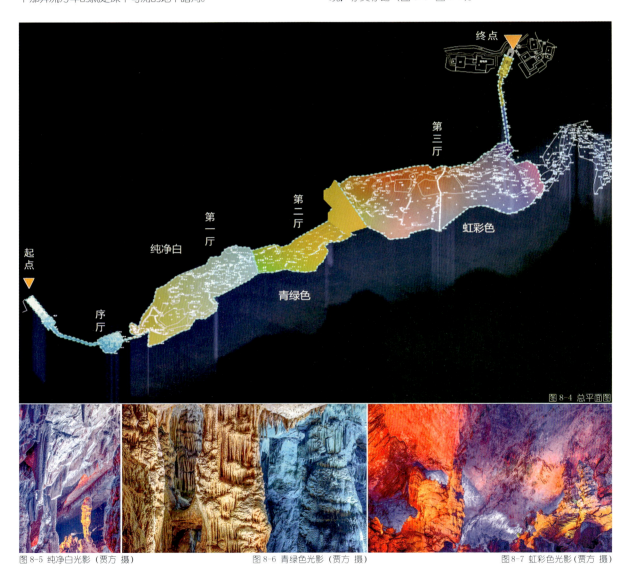

图8-4 总平面图

图8-5 纯净白光影（贾方 摄）　　图8-6 青绿色光影（贾方 摄）　　图8-7 虹彩色光影（贾方 摄）

图8-8 石笋光影(贾方 摄)

图8-9 "红尘"光影(贾方 摄)　　　　　　　图8-10 "广寒"光影(贾方 摄)　　　　　　　图8-11 "精灵"光影(贾方 摄)

8.3 洞府乾坤，着手成春

瑶琳之"仙"，还在于历史与人文的千年积淀。"仙境尘寰咫尺分，壶中别是一乾坤"，南宋时期的诗人柯约斋就已把"瑶琳洞"比作仙境，又将其与"蓬莱""桃源"等世人向往的神游之所并论。

早在西周时期，瑶琳仙境就有古人进洞游览留下过用火的遗迹。魏晋之后，慕名而来的人就更多了，在洞壁上留有"隋开皇十八年""唐贞观十七年"等刻记。在重新探索瑶琳仙境的过程中也发现了散落于洞厅的五代、北宋古钱及元朝青瓷碎片。

明朝戏曲家汤显祖游览瑶琳仙境后，留下了"仙洞半空行炬蜡，生香何处满簪裾"之句。到清光绪年间，桐庐知县杨保彝便把这瑶琳洞正式命名为"瑶琳仙境"。

世代延绵的人文积淀，赋予了瑶琳仙境无限的想象空间。仙人御风去，锦鲤穿空来，菩提宝树华盖亭亭，又有千里冰封万里雪的神奇，这每一处叫人"心底留韵"的景观都是一次人类想象力的欢腾。如果说亿万载天然鬼斧神工是对瑶琳仙境妙手空空的雕琢，这千年来人文的晕染就是这口"仙气"能聚至今日而未衰的玄机。

瑶琳之"仙"，更在于它的日渐日新，在古今融合的审美视野之中，光影算得上一个"洞府"的精灵（图8-8~图8-11）。

灯火阑珊

图 8-12 夜色中山林环抱的桐庐放语空乡宿文创综合体光影鸟瞰（贾方 摄）

第八章

自然：返璞归真

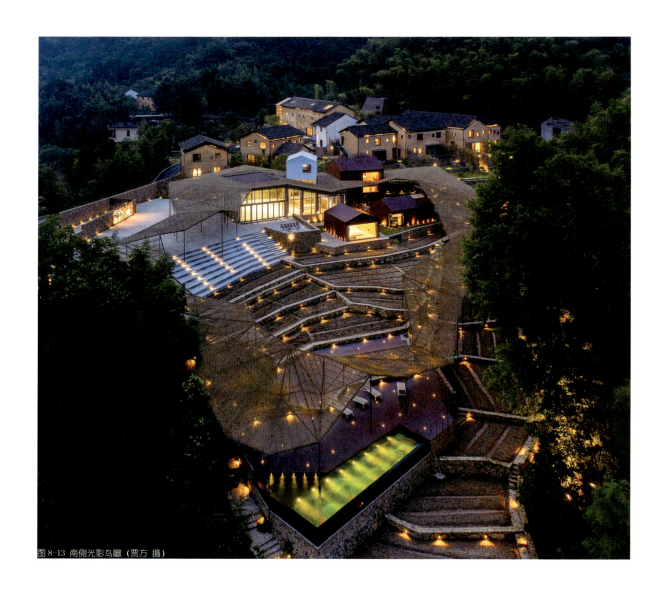

图 8-13 南侧光影鸟瞰（贾方 摄）

8.4 幽人空山，结庐乡野

桐庐放语空乡宿文创综合体项目位于富春江畔的古老村落青龙坞，云雾缭绕，群山隐匿。综合体由言几又胶囊书店、云舞台、收藏有徐悲鸿真迹的"一个人的美术馆"、一庭亭和茶食空间等十余栋夯土墙小建筑组成，隐约于山水之中，散落于天地之间。黄土墙，黑瓦片，仿佛定格了时间。光环境设计考虑的就是如何让朴素的综合体归隐于自然，以尽可能克制的手法来表现山村夜晚宁静、悠闲的情趣（图8-12，图8-13）。

放语空乡宿文创综合体的室外照明全部采用低位，嵌壁式灯具沿甬道、山墙分布，侧向打亮道路，所有出光均有效拢在地面，对人视角度不产生任何干扰。

光环境设计做了大量减法，以简单的手法来表现纯净的艺术效果，使之回归山村生活的静谧，达到光与乡野、林木的和谐共处。通过数月的现场放样、设计对比、反复的灯具实验以及精益求精的施工，这个乡宿文创综合体终于被灯光装点成了"结庐在人境"的烂漫星河（图8-14~图8-19）。

图8-14 俯瞰星星点点的光影效果（贾方 摄）
图8-15 南侧近景（贾方 摄）
图8-16 入口光影（贾方 摄）
图8-17 小路的光影（贾方 摄）
图8-18 建筑群组光影组合（贾方 摄）
图8-19 泳池与连廊的光影（贾方 摄）

灯火阑珊

图 8-20 东侧光影鸟瞰（贾方 摄）

8.5 低调含蓄，和光同尘

尊重环境，积极创造一个与整体乡野共生的光影情境，尝试促成一种新光影与老山村的共存样态。光影情境的吸引力与人们对身处其中得到怎样的体悟密切相关，光影空间的舒适度促成了环境认同度。光影作为一种感知载体，理应成为一个微妙的媒介，以虚带实，让光影与建筑实体更好地共生于基地之中。

放语空乡宿文创综合体项目入口山墙上的锈铁采用背光来映照，低调含蓄。偃月桥边的古树上隐藏下照式灯具，将树影隐约投射于桥头与路面，看似毫不经意，却于光影中营造静谧。设计试图对如何在快速的城市化进程中保持和发扬地方文化特性进行一定程度的探索[1]。

设计结合空间特点考虑了不同的光影模式，在会议模式中有隐藏于竹枝顶棚内的下照式筒灯提供均匀照明，在酒会模式中则通过隐藏于幕墙钢结构上的线性全彩LED灯侧向洗亮竹枝顶棚来渲染氛围。踏上室外的小平台，可俯瞰整个村落和峡谷的景观。平台采用低位照明，线型灯具隐藏在竹枝铺满的栏杆下，洗亮平台的内侧。延绵飘逸的廊架沿山势起伏而变化，近处廊架轻灵地呼应着远处山谷中的雾霭升腾。廊架顶棚中暗藏两套"萤火虫"灯具，在顶棚及入口小广场的地面洒下星星点点的"萤火"，呈现出淡雅而浪漫的"轻罗小扇扑流萤，卧看牵牛织女星"情趣。

寻找既有空间中潜在的环境肌理和空间秩序，并使之贯穿于光环境设计的始终，充分体现对能够长期存留于其中的空间特质的尊重[2]，使新的光影空间与周边山水环境更好地整合，继而形成新的环境共同体延续下去（图8-20、图8-21）。

---

1 快速改变的空间环境会让人迷茫，人们试图寻找依稀仿佛中的精神家园，却在日新月异的城市空间中迷失，那里难以找到曾经的街道和儿时的场地，也许人们是在寻找能慰藉他们心灵的空间记忆。参见：董丹申，李宁. 知行合一 平衡建筑的实践[M]. 北京：中国建筑工业出版社，2021：4.
2 人们通过日常的生活与特定环境空间建立起来的情境记忆，是一种植根于具体时空中长期存留的体验与感触。参见：沈济黄，李宁. 建筑与基地环境的匹配与整合研究[J]. 西安建筑科技大学学报（自然科学版），2008(3)：376-381.

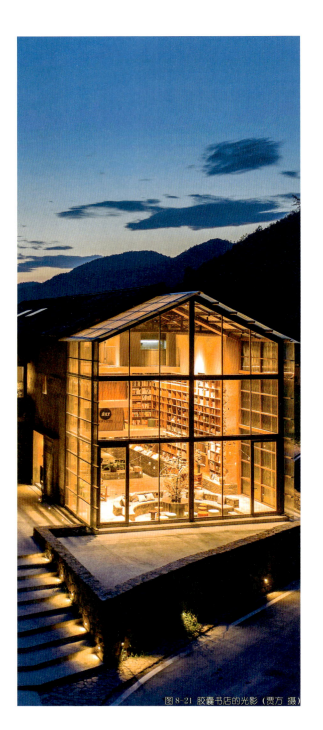

图8-21 胶囊书店的光影（贾方 摄）

第九章
儒雅：城市风骨

灯火阑珊

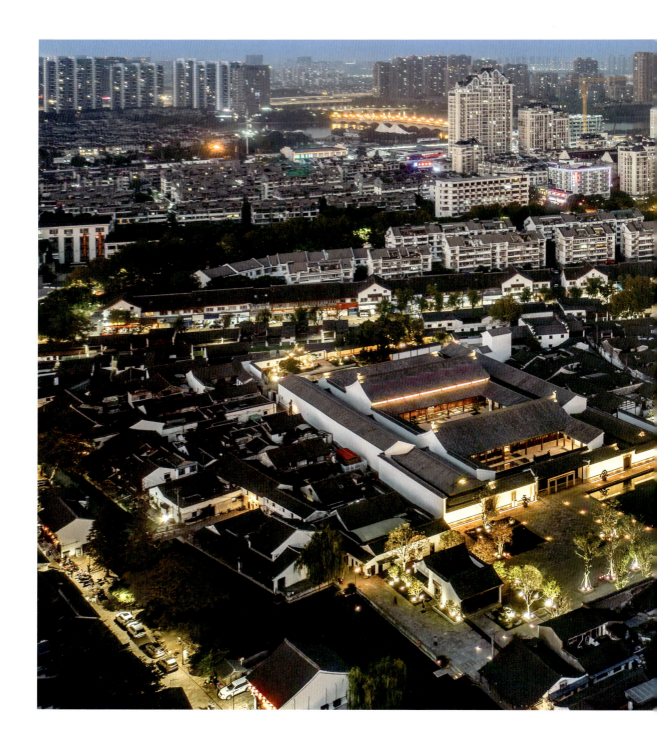

基于法象合一思辨的建筑光环境设计分析

第九章

图 9-1 从西南侧看阳明故居与阳明纪念馆的光影(费方/摄)

儒雅：城市风骨

灯火阑珊

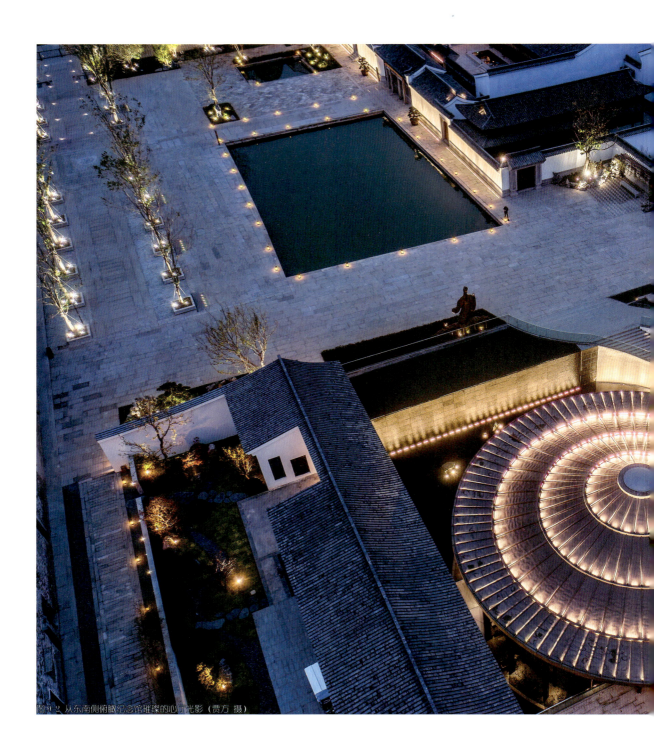
图9-2 从东南侧俯瞰纪念馆璀璨的心厅光影（贾方 摄）

9.1 玉壶冰心，碧霞天泉

如今各行各业已充分认识到继承和弘扬中华优秀传统文化的重要时代价值和时代意义，在具体的实际工作中，还需进一步认识到继承和弘扬中华优秀传统文化并非只限于文史哲等社会科学领域，对建筑、土木等工科领域来说，同样是非常重要的课题[1]。同时还需认识到中华优秀传统文化的载体并非只限于文学、哲学、历史、书画、音乐、戏曲等内容，建筑、街区、城市等不同层级的聚落同样是非常重要的文化载体。

文人风骨是我国传统文化中很重要的精神财富，对家国的热爱、对名利的淡泊、对权贵的蔑视等特征形成了一种独特的精神标识深深扎根于中国人民心中，潜移默化地影响着人们的思维方式和行为方式。从我国数千年的文化传承看，文人风骨代表着社会的良知，承载着社会的希冀，也享受着社会的尊重。在特定的环境空间中顺应这条脉络进行生发，有利于空间情境能够更好地同人民群众日用而不觉的共同价值观念融通起来。

在绍兴阳明故居与纪念馆的建筑设计中，从吾性自足到知行合一，从心即理到致良知，着力于将阳明学要义与建筑语言统一起来[2]，光环境设计顺应这条脉络来展开（图9-1～图9-3）。

9.2 居敬持志，吾性自足

设计结合特定历史人物的生平经历、精神气质及其对后世的影响，针对当下社会各阶层受众的心理预期，探索由文人风骨推演到城市风骨对激发街区活力与城市文脉传承的积极作用。

---

1 如何让这些从传统中存续至今的历史遗迹及其意象进行集结，进而形成特定的秩序且有节奏，让秩序在更新的街区空间里产生方向感、集中性乃至纪念性，让受众体验到情景叠合后充满价值而又有诗意的触动，这些自我叩问，正是设计的着力点。参见：胡慧峰，李宁. 法象良知 平衡建筑十大原则的设计体悟[M]. 北京：中国建筑工业出版社，2024：5-16.

2 面对故居复原和遗存展示、生平业绩及在越追溯、室外活态和场景重塑、心学总结和冥想瞻仰等需要展现和表达的诸多场景内容，通过时间和边界这两个构建元素进行归纳与区分，依据秩序感、方向性和中心点这三条建构逻辑进行场景关联设计。参见：胡慧峰，吕宁，蒋兰兰，陈赟强. 场所重建——谈王阳明故居及纪念馆规划与建筑设计[J]. 世界建筑，2024(5)：108-111.

图 9-3 光环境设计总体鸟瞰效果图

图 9-4 故居前厅的光影（贾方 摄）

图 9-5 碧霞池与纪念馆心厅的光影（贾方 摄）

  王守仁字伯安，号阳明山人，世人称为阳明先生。在我国悠久的历史演变与传承中，可谓人才辈出，但在立德、立言、立功三方面成就圆满的人并不多，而阳明先生恰是一位成就圆满的"真三不朽"人物，几百年来备受推崇。在阳明先生波澜壮阔的一生中，从意气风发到触怒刘瑾，从名满京城到发配蛮荒，从龙场悟道到知行合一，从深山剿匪到殿堂论道，从良知自知到致吾良知，阳明先生始终在追寻心中之道。

  设计以阳明学和阳明先生的曲折经历为线索，将写意的地面画景、庭院的山水虚拟、民居的灰白背景、柱廊的亦虚亦实、台门漏窗的古朴典雅、冥想心厅的微妙玄机等多重环境空间元素如同散点透视般穿插起来，让受众生发出一种"吾性自足"的情境体验和"心明即理明"的思辨开悟，让受众在步移景异中对阳明学的奥义及阳明先生历尽艰辛的破茧化蝶有所感触，适宜的光影则是这空间序列衔接中不可或缺的元素（图 9-4、图 9-5）。

9.3 戒慎恐惧，格物致知

光影随着台阶的延伸，在高低错落的光影变化中将人们引至下沉庭院中，既从街区的视野中弱化了纪念馆的建筑体量，又在庭院的跌落水景中丰富了整个街区的光影样态。

从西侧绍兴西小河历史街区到阳明故居、碧霞池、阳明广场和阳明先生雕塑等一系列的空间变化，同时映衬着下沉庭院的花开花落、云卷云舒，所有的一切都关联在一起，正如阳明先生反复强调的"万物一体"玄机。纪念馆心厅屋顶所呈现的同心圆状璀璨光环，与周边条状、点状光影相映成趣。

从室内看，在心厅正中的天窗投下一束光，随四季轮回、风雨阴晴而变化，人们在此自然会有"人与圣""圣与人"互动的感悟。于是在这空间的光影高潮处，常规的符号、构成等手法都显得不那么重要了，而光与影的交织联想则让人似乎感知到阳明先生的风骨。文人风骨由此贯穿了内外空间，也撑起了整个街区的气脉（图9-6~图9-10）。追求灯光"谦逊、温和"的质感，借鉴中国传统绘画中点、染、皴、擦的技法，尝试用灯光营造传统美学意境，使参观的游人在追怀阳明先生天泉证道、吾心光明的心路历程时，亦能有所感悟。

图9-6 从碧霞池看故居和纪念馆的光影（贾方 摄）

图9-7 故居庭院的光影（贾方 摄）　　图9-8 从纪念馆心厅看故居主入口光影（贾方 摄）　　图9-9 纪念馆西南侧的庭院光影（贾方 摄）

灯火阑珊

基于法象合一思辨的建筑光环境设计分析

图 9-10 从东侧看故居和纪念馆的连接及与老坊里的融和呈现（贾方 摄）

灯火阑珊

图 9-11 从东南侧看徐渭艺术馆和青藤广场的光影（雷坛坛 摄）

9.4 隐逸市井，内明于心

徐渭字文长，号青藤居士。徐渭一生曲折，狂傲不羁，但才情旷世，在诗文、戏剧、书画等各方面都有出色的成就，对后世的八大山人、扬州八怪等出类拔萃的人物影响极大，青藤书屋一直是历代文人墨客到绍兴的凭吊之地。

在绍兴市青藤历史街区综合保护改造中，徐渭艺术馆的营造是核心节点。艺术馆位于绍兴老城区的中心，大大小小的巷弄串联起台门、院落、天井、房舍，密密匝匝的空间结构围合了老城区的家长里短、万家烟火。光环境设计既需满足项目作为文化建筑的独特地标性，又应呼应城市广场的公共定位，照顾老城区居民的日常生活（图9-11、图9-12）。

穿过幽深的巷弄，才能到达基地。巷弄台门延续着城市的古老肌理，保持着老城区原有的民居尺度、空间关系以及存续于其中的市井气息[1]。街区中建筑单体之间通常彼此交错，与市民的日常生活有着密切关联，这种关联常常是生活中的某个片段、场景或甚至只是声音、光影、气味及其相关记忆。

距基地700多米的古越国王宫所在的府山青翠苍然，为这片密实的街区腾出了一片疏朗，城市在这个方向透了口气，城山相依，山城共栖，共同谱写绍兴特有的城市空间样态。

徐渭艺术馆的黑白灰色调贴合古城肌理，一层外墙选用灰色花岗石，二层以上则选用白色花岗石毛石，灰、白两色墙面与人字形三折黑色金属屋顶，以灵动的方式起势、连接、舒展，恰到好处地呈现建筑与外部环境所组成的空间界面的美学特征、社会意义和认同感，并与周边民居的台门及城市肌理温润衔接，光环境设计则需将这种衔接感进行光影表述。

---

[1] 在这样的街区里，街坊邻居们世代毗邻，连生老病死的悲喜歌哭都是彼此相通的，他们的生活方式、集体记忆与城市文明一起，一代代传承下来。一个社会属性的人的存在感，与他对所处的场所的认知以及在此场所中对自我的认同，有着紧密的联系。参见：胡慧峰，赫英爽，蒋兰兰. 现代城市设计理论下的历史街区再生——青藤街区综合保护改造项目[J]. 世界建筑，2023(8)：76-79.

图 9-12 青藤广场上徐渭雕塑与艺术馆立面书法的光影组合（贾方 摄）

图 9-13 总平面图

建筑光环境设计以"隐于市"为宗旨，低调内敛，追求光与街区、环境、人的平衡（图 9-13）。古老街区中流动着生生不息的能量，而设计的工作就是通过精准的呈现来彰显这种能量，并将其转化成人的感知和生活。在这一目标之下，用光则以烘托环境为主，通过对不同建筑材质有层次的表现，实现虚实、冷暖的恰当比例，计白当黑，在立面上营造通透、匀净、充满细节的效果。"L"形的灯槽隐匿于立面灰、白色石材之间的黑色金属腰线内，线型洗墙灯向上匀质洗亮白色花岗石墙面，手工开凿的石材肌理在光影中呈现富有张力的细腻质感。

人字形屋顶只是轻盈的"一撇一捺"，却无意间蕴含了徐渭的书法又呼应了古城的民居元素。为了能更好地表现撇、捺的"笔锋"，光环境设计采用控制系统精细调整辉度，巧妙地表现出笔意浓淡。中庭是整个建筑的神来之笔，夜幕下通廊的内透光映衬出晶莹的中庭光盒，其中直跑楼梯贯穿中庭，串联起两侧展厅与辅助功能，同时连接南北广场。艺术馆东西侧各有景观庭院，内有山石水瀑，绿意葱茏，灯光亦随势而起（图 9-14~图 9-17）。

晚间穿行于周边街巷时，入画的"一撇一捺"与晶莹的中庭光盒，让人觉得有意外之喜而又在情理之中。

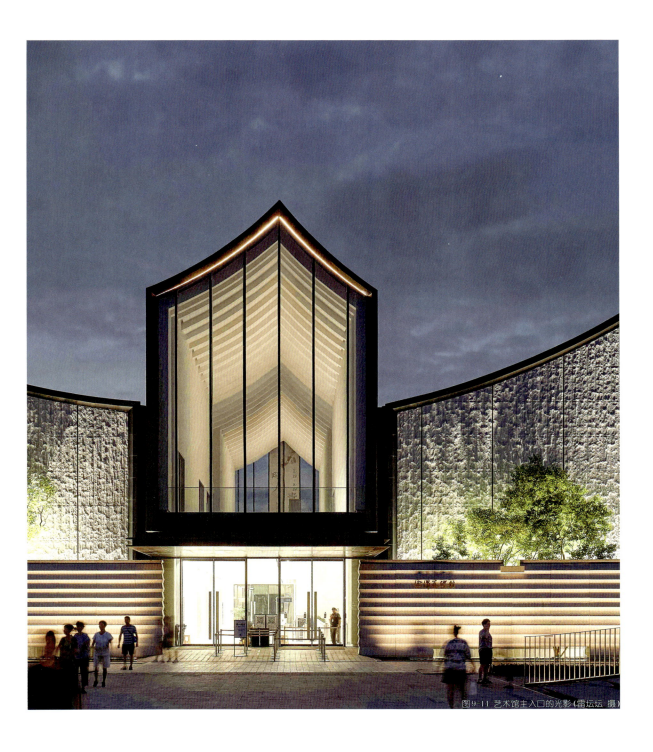

图 9-14 艺术馆主入口的光影(雷坛坛 摄)

灯火阑珊

图 9-15 艺术馆内庭院的光影（贾方 摄）

图 9-16 北广场的光影（贾方 摄）　　图 9-17 中庭的光影（贾方 摄）　　图 9-18 徐渭雕塑的光影（贾方 摄）

图 9-19 艺术馆外立面绘画投影一（贾方 摄）　　图 9-20 艺术馆外立面绘画投影二（贾方 摄）

跌水东北角有一尊徐渭铜像，手握画笔，青衣漫卷，长啸于坎坷乱世。徐渭一生的跌宕起伏为他抹上悲剧性的色彩，与人物形象对应，铜像并未高光强调，仅用弱光淡淡打亮面部与手中画笔：江云隔岸，海雨随风，当锋还有一书生（图 9-18）。

为了满足青藤广场中举办不同活动的需要，光环境设计预置了多种场景模式，四台高流明投影在艺术馆墙面上"画"出各种特定的光影场景。映衬着光影变幻中的徐渭铜像，似乎他在现场作画：如我写兰竹，无媚有清苦（图 9-19、图 9-20）。

艺术馆的改造以局部的小切微创，打开逼仄，疏通郁结，整理出街区公共空间，给密匝匝的老城区留出类似于围棋中"眼位"的余地来。由此，古老的街巷里弄得以疏通，城市街区气氛得以激活，文化记忆在光影中也鲜活起来。

光影变化中的广场既是举办大型开放性社会活动的场地，更已成为周边居民休闲、纳凉、跳广场舞的好去处。黄昏之际，远来游客与四邻乡亲共享平台，跳广场舞者有之，纳凉者有之，发呆者有之，谈天说地者有之，嬉戏奔闹者亦有之。

灯火阑珊

光影传承了绍兴老城区台门里弄的喜怒哀乐，赋予这个空间更多的光影体验与叙事，城市更新里的生活化场景以无比鲜活而生动的模样在这里上演（图 9-21），徐渭艺术馆与青藤广场也成为真正意义上的社区中心与城市客厅。

9.5 岁月不居，知行无疆

艺术馆前的青藤广场既开放性地联结了艺术馆与周边的青藤书屋、榴花斋与师爷馆，也承载了周边的街坊邻居和到访青藤的游客等人群的集散功能。广场的东西两侧分别有抬起的地景平台，西侧用以围合广场，略高的东侧借助局部下沉的空间将游客中心藏于地景之下。这两处地景平台既是游客近距离感受徐渭艺术馆的最佳座席，也是周边居民休憩的长条椅凳茶几。

两盏小功率中光束灯具轻轻点亮了景观树，留跌水于宁静的暗环境中，营造明暗有序的氛围。东侧平台中有一株巨大的乌桕树穿台而出，与周边几株乌桕树遥相呼应，秋季的乌桕树绿叶转红，为黑白灰的老城区平添一份明丽。每株乌桕树都被打亮，以光能够疏落盈透为度。地景平台上的灯具布置极为精炼，只在扶手下嵌藏灯带，为整个抬升平台提供低照度的光环境，让在这里休憩、观景的人群处于相对幽静的自洽里。

艺术馆周边的街巷，是绍兴老城区一段生动的记忆，刻意保留的砖墙镌刻着城市的历史。在这些街巷中，设计摒弃了常规的庭院灯，采用变焦投光灯模拟变化的树影，如月光映照层林，阵风过处，树叶摇曳，落影斑驳。光影营造出淡淡的清冷，似乎历史如月光盈地，记忆呼之欲出。

光影重构给日常生活带来了微小而确凿的幸福感，这正是徐渭艺术馆及青藤广场光环境设计的意义所在[1]。

---

[1] 光环境设计以绍兴历史传承为脉，以会稽山水精神为意。遥想徐渭先生当年癫狂泼墨，有意无意之间已然天成，我等所为无非赠你一场光影万千，天地间，再醉百年。参见：王小冬，李宁. 隐于市而明于心——徐渭艺术馆建筑光环境设计回顾[J]. 建筑与文化，2023(7): 11-12.

图 9-21 从老街巷看艺术馆主入口和隐约的中庭光影（贾方 摄）

第十章
雄浑：当仁不让

灯火阑珊

图 10-1 从西北侧看大禹纪念馆、祭禹广场和大禹陵景区的整体光影（贾方 摄）

图 10-2 纪念馆大厅中自然光与人工光交织的光影（贾方 摄）

图 10-3 纪念馆光环境设计鸟瞰效果图

10.1 反虚入浑，积健为雄

中华优秀传统文化一直在中华大地上传承延绵，历久弥新，是中华民族独特的精神标识。这种精神标识以一种日用而不觉的方式扎根于人们的心中，对人们的思维方式和行为方式的影响是潜移默化的[1]。当下的建筑及其相关专业的设计更应从自古以来从未断流的中华优秀文化中汲取养分，学习历史智慧，体悟人文价值，讲好属于此时、此地、此人的时空故事。

经过认真思考的设计创作都是理解环境现实和解释现实并据此谋求发展的努力，这也是设计存在的根由之一。顺应基地时空脉络来营造古今共生共荣的环境，这样才能更好地理解基地及其关联的社会环境的过去、现在和未来，而社会的凝聚力与发展潜力正是取决于人们的理解与认同度。在大禹纪念馆及其周边景区的光环境设计中，顺延基地总体布局与建筑设计的思路，回归中华传统文化中对人与自然的认知与思辨，试图从中探寻古老绵远的平衡之道（图 10-1~图 10-3）。

10.2 泽被万方，俯仰天地

大禹纪念馆位于浙江省绍兴市东南的大禹陵中，在这位上古圣君的纪念地修建的纪念馆，其中必然蕴含着对大禹英雄气质的

---

1 很多人不一定读过《易经》等书，但"天行健，君子以自强不息"等要义会以日用而不自知的方式体现在生活的思维逻辑、价值评判等方方面面中。参见：李宁. 时空印迹 建筑师的镜里乾坤[M]. 北京：中国建筑工业出版社，2023：3.

崇敬,也蕴含着对深厚民族精神的颂扬。光环境设计顺应基地与建筑的空间样态,通过适宜的光影组合使得纪念馆的内外空间作为一种文化载体,更好地成为联系上古与当下的时空线索,从而对"大禹精神"的传承有着支持和暗示作用。

光环境设计尊重纪念馆"如鼎之镇"的设计意象,以极为克制的光影语言,映衬建筑庄严、宏伟的气度,赋予其夜间开阔沉稳、敬天悯人的特质,努力追寻传统天人观的当代诠释,尝试通过空间光影来表述"天、地、人"之间的共生关系(图10-4)。

建筑中央的穹顶由99层、9999片铜砖铺设而成。在中华传统文化中,"9"被视作最大的阳数,代表着极阳和尊贵。穹顶最顶端留了直径为2m的孔洞,四周开许多直径3~5cm的小孔,阳光自这个"天空之瞳"中倾泻而下。光的轻盈明亮与铜砖的肃穆庄严形成令人震撼的对比,大厅中没有常见的具象雕塑,唯有如同宇宙天机一般的光线,人立于斯,或可感悟天人合一的奥义。

夜晚,室内照明与穹顶下部暗藏的洗墙灯依次照亮穹顶与大厅。在大厅的中心地面开凿直径2m、深0.8m的圆孔,内置光束灯与图案染色灯,在祭禹大典等特定的仪式启动时,光束灯冲天而起,直穿云霄,象征大禹精神力量的永恒不息。

图10-4 星光辉映中的纪念馆光影(赵强 摄)

图 10-5 纪念馆在不同情境中呈现不同的光影（贾方 摄）

10.3 苍苍云山，寥寥长空

针对环境脉络来谨慎地介入，必然要面对当下的现实，而现实会有多种意义，设计要捕捉那些揭示真相的意义而不是随波逐流。因此设计反复推演的核心是对当下社会及其民众需求的理解和思辨，这些理解和思辨就呈现在对特定光影情境的呵护与延续中，在光影如何介入空间界面上进行谨慎的努力。

很多时候努力也不见得就成功了，但这种努力很重要，因为这是在向社会现实的广度和深度迈进，更是在随波逐流或标新立异的风潮中坚守设计的社会责任与良知。从这种角度来反思建筑光环境设计，就会在设计中更注重社会视域中人性与光影情境的关联，也更注重培养自己观察社会的能力，真正把光影呈现放在社会大背景中来审视，从而使设计思维开阔。

空间光影从设计到落成，必然会体现人的活动与特定环境的生态关联，由此产生的新故事也会营造吸引人的情境感受、持久的活力以及可不断传承的场所感。

大禹纪念馆的光影呈现注重匀净庄重，光从建筑底部往上升腾，仿佛生机的滋长。在设计过程中通过不断地对比实验，反复演算、试灯，精准确定灯具的安装距离，带遮光罩的灯具布置在排水沟挡板侧面，既隐蔽又保证了出光效果。在祭禹大典等特定的庆典模式下，图案投影灯将中华传统文化中的历史纹样、星云图、水波图等投映在建筑立面上。伴随着图纹光影变化，俯仰天地，会感悟到历史的厚重与生命的顽强（图 10-5、图 10-6）。

灯火阑珊

图 10-6 特定情境中纪念馆立面上波涛纹样的光影（贾方 摄）

10.4 超乎其形,合乎其意

光影在山林、跌水、广场、建筑上自如流转,实现虚与实的互动、冷与暖的对比,雄浑庄严而张弛有度。由此,光环境营造从历史时空中抽丝剥茧,寻找合适的光影语言编织情境,并融入大禹陵周边山水的当下时空之中,表达生生不息的人文传承与城市快速变迁之间的张力。

自尧、舜以来,帝位禅让所托付的是天下与百姓的重任,"人心"与"道心"的平衡维系天地万物的稳定,这种平衡机制通过不断完善的祭祀礼制得以确认,从而不断强化传统文化中"天人观"的凝聚作用(图10-7)。有别于祭禹广场的仪式需求,大禹纪念馆则更强调不同使用群体的沟通联系(图10-8),展示空间在新的时空情境中的多元与共生。

在视觉上的认同对应光环境的"颜值",在文化上的共鸣对应光环境的"气质",而在时空存在上的长远意义则对应光环境的"格调"。耐人寻味的光影情境,须将其颜值、气质到格调进行一脉贯穿,方能有在环境中生长、延续的缘由。

项目竣工不是项目的结束,而是一个连接和呈现社会生活样态的空间媒介在特定的时空情境中开始生长的历程节点。

图10-7 祭禹广场的光影(贾方 摄)

图10-8 纪念馆室内可根据不同需求而变化的光影(赵强 摄)

图 10-9 大禹陵主入口牌坊的光影（贾方 摄）
图 10-10 大禹陵神道路光影（贾方 摄）
图 10-11 大禹陵九龙潭的光影（贾方 摄）

10.5 持之非强，来之无穷

大禹纪念馆及其周边景区的光环境设计是一次融合传统精神内核与现代设计语言的光影叙事实践。

光与影、明与暗，以共享平等的精神空间，激扬传统人文情怀，唤起"天、地、人"和谐共存的民族之魂。光环境设计没有过多地突出建筑本身，而更多地向人的尺度倾斜，融合于山水肌理，创造亲近自然的光影空间（图 10-9～图 10-11）。

光环境设计在对环境的理解和尊重的基础上，力求平衡历史性与当代性，让矛盾的张力彼此制衡而达成一种生机勃勃的动态平衡。尊重自然，因势利导，这也是大禹为后世留下的礼物，让我们在赓续历史根脉的同时，不断尝试看到自己，看到生生不息的天地万物。

惟精惟一，允执厥中[1]。在古越山水的千年风云中，通过跨越时空的光影演绎，不断追寻并体悟平等和谐的共生智慧。

---

[1] 就我国传统文化渊源而言，把"执中"看成是至高无上的天理、天道，这与天人合一的基本思维有关。针对具体问题，须通过"惟精惟一"找到破解问题的门径，其实就是找到问题的"平衡点"，即设计的"源点"，这样才能"允执厥中"。参见：董丹申，李宁. 知行合一 平衡建筑的实践[M]. 北京：中国建筑工业出版社，2021：82.

结　语

光影筑梦，星河清浅

对建筑光环境设计者而言，世间最具诗意的莫过于光影。

文人墨客笔下的光影情境，也牵连出无限遐思。"烛花锦帐好，珠帘卷梦轻"是旖旎的，"夜放花千树，吹落星如雨"是绚烂的，"烟波飘渺里，渔火近天涯"是江湖的，"素衣绕经幢，青烟玉阶寒"是出尘的，"十年窗下影，一点案头心"是淡雅的，"乱山横翠幛，落月淡孤灯"是飘然的。或许正是这种对光影融汇在传统文化血脉中的通感，使得建筑光环境设计者不断尝试通过光影组合来构建时空情境，如诗如画，如梦如烟。

跟作家用文字构筑文学情境、作曲家用音符来构筑音乐情境一样，光环境设计者通过光影来构筑空间情境。如果说对灯具的性能与应用烂熟于心是基本功，那么对特定时空情境的理解、对材料映射光影效果的把握、对美的解读甚至对于文史哲的融会贯通，真正做到法象合一，则功夫远在设计之外。

建筑光环境设计除了构思、作图以外，有大量的现场工作需要在晚间进行：踏勘、看样、测评、调试，唯有不厌其烦，锲而不舍，甚至寤寐思服，方能渐入佳境。这些年来在具体的实践中秉承"诗意而盈，优雅而隐"的创作理念，每每在更深露重之际品味梦想与现实的平衡点。细细想来，不断探索以光影为媒介来挖掘与表述城乡演变中的情与理、技与艺、法与象，以此激发的环境活力并提升人们的幸福感，确实是一件极有意义的事。

参考文献

第一部分：专著

[1] 李宁. 缘起性空 传统建筑聚落及其节点辑读[M]. 北京：中国建筑工业出版社，2024.

[2] 庄惟敏. 建筑策划导论[M]. 北京：中国水利水电出版社，2001.

[3] 董丹申，李宁. 知行合一 平衡建筑的实践[M]. 北京：中国建筑工业出版社，2021.

[4] 李兴钢. 胜景几何论稿[M]. 杭州：浙江摄影出版社，2020.

[5] 倪阳. 关联设计[M]. 广州：华南理工大学出版社，2021.

[6] 李宁. 建筑聚落介入基地环境的适宜性研究[M]. 南京：东南大学出版社，2009.

[7] 胡慧峰. 又见青藤 徐渭故里城市更新与改造实践初探[M]. 上海：东华大学出版社，2024.

[8] 李宁. 文心之灵 建筑画中的法与象[M]. 北京：中国建筑工业出版社，2023.

[9] 凯文·林奇. 城市意象[M]. 方益萍，何晓军，译. 北京：华夏出版社，2001.

[10] 凯文·林奇. 城市形态[M]. 林庆怡，等，译. 北京：华夏出版社，2001.

[11] 格朗特·希尔德布兰德. 建筑愉悦的起源[M]. 马琴，万志斌，译. 北京：中国建筑工业出版社，2007.

[12] 阿摩斯·拉普卜特. 建成环境的意义——非言语表达方法[M]. 黄兰谷，等，译. 北京：中国建筑工业出版社，2003.

[13] 邹华. 流变之美：美学理论的探索与重构[M]. 北京：清华大学出版社，2004.

[14] 胡慧峰，李宁. 法象良知 平衡建筑十大原则的设计体悟[M]. 北京：中国建筑工业出版社，2024.

[15] 李宁. 理一分殊 走向平衡的建筑历程[M]. 北京：中国建筑工业出版社，2023.

[16] 诺伯舒兹. 场所精神——迈向建筑现象学[M]. 施植明，译. 武汉：华中科技大学出版社，2010.

[17] 赵巍岩. 当代建筑美学意义[M]. 南京：东南大学出版社，2001.

[18] 李宁. 时空印迹 建筑师的镜里乾坤[M]. 北京：中国建筑工业出版社，2023.

第二部分：期刊

[1] 沈济黄，李宁. 建筑与基地环境的匹配与整合研究[J]. 西安建筑科技大学学报（自然科学版），2008(3)：376-381.

[2] 李宁. 平衡建筑：从平衡到不平衡、再到新平衡[J]. 华中建筑，2024(6)：71.

[3] 司桂恒，庄惟敏，梁思思. 街区空间使用后评价的框架与逻辑[J]. 建筑学报，2024(2)：36-42.

[4] 李大伟. 城市历史建筑和街区景观照明设计的实践报告[J]. 照明工程学报，2021(4)：168-176.

[5] 赵建军，杨博. "绿水青山就是金山银山"的哲学意蕴与时代价值[J]. 自然辩证法研究，2015(12)：104-109.

[6] 董丹申，李宁. 在秩序与诗意之间——建筑师与业主合作共创城市山水环境[J]. 建筑学报，2001(8)：55-58.

[7] 胡慧峰，吕宁，蒋兰兰，等. 场所重建——谈王阳明故居及纪念馆规划与建筑设计[J]. 世界建筑，2024(5)：108-111.

[8] 周笑楠，王小冬，何娓雯. 以照明为手段解决花卉园困境的实践初探——以亚运花卉主题园为例[J]. 照明工程学报，2024(4)：183-188.

[9] 李宁，丁向东. 穿越时空的建筑对话[J]. 建筑学报，2003(6)：36-39.

[10] 徐俊丽，张凯. 夜景照明与苏州平江历史街区的保护和发展[J]. 华中建筑，2018(11)：72-76.

[11] 劳燕青. 环境中的事件模式——江南水乡环境意义的表达[J]. 新建筑，2002(6)：60-62.

[12] 赵黎晨，李宁，张菲. 基于城市发展存量更新模式的校园再生分析——以城市特定街区校园改扩建设计为例[J]. 华中建筑，2024(6)：81-84.

[13] 胡慧峰，张篪. 动态变化下的平衡设计语义[J]. 世界建筑，2023(8)：58-63.

[14] 苏学军，王颖. 空间图式——基于共同认知结构的城市外部空间地域特色的解析[J]. 华中建筑，2009(6)：58-62.

[15] 王小冬，李宁. 隐于市而明于心——徐渭艺术馆建筑光环境设计回顾[J]. 建筑与文化，2023(7)：11-12.

[16] 王骏阳. 建筑理论与中国建筑理论之再思[J]. 建筑学报，2024(1)：14-21.

[17] 董丹申，李宁. 走向平衡，走向共生[J]. 世界建筑，2023(8)：4-5.

[18] 马驰，秦和林. 健康光环境设计的研究与应用分析[J]. 灯与照明，2023(3)：81-85.

[19] 王小冬，张韧. 灯影古街·诗画新韵——基于人本为先的迎亚运大运河街区光环境设计回顾[J]. 华中建筑，2024(6)：89-92.

[20] 张昊哲. 基于多元利益主体价值观的城市规划再认识[J]. 城市规划，2008(6)：84-87.

[21] 王凯，王颖，冯江. 当代中国建筑实践状况关键词：全球议题与在地智慧[J]. 建筑学报，2024(1)：21-28.

[22] 石坚韧，雷雅昕，杜敏. 打造杭州低碳之城——杭州城市景观与光污染问题分析[J]. 生态经济，2015(9)：194-199.

[23] 梁勇. 象外传神——城市园林景观中诗意照明的表达[J]. 中国照明电器，2022(12)：5-13.

[24] 李翔宁. 自然建造与风景中的建筑：一种价值的维度[J]. 中国园林，2019(7)：34-39.

[25] 刘知为，王咏楠，董楠楠. 滨水夜景光环境特征与视觉舒适度的关联研究——以杨浦滨江为例[J]. 绿色科技，2023(7)：53-58.

[26] 徐苗，陈芯洁，郝恩琦，万山霖. 移动网络对公共空间社交生活的影响与启示[J]. 建筑学报，2021(2)：22-27.

[27] 许逸敏，李宁，吴震陵，等. 技艺合一——基于多元包容实证对比的建筑情境建构[J]. 世界建筑，2023(8)：25-28.

[28] 何志森. 从人民公园到人民的公园[J]. 建筑学报，2020(11)：31-38.

[29] 李晓宇，孟建民. 建筑与设备一体化设计美学研究初探[J]. 建筑学报，2020(Z1)：149-157.

[30] 李宁，李林. 传统聚落构成与特征分析[J]. 建筑学报，2008(11)：52-55.

[31] 王灏. 寻找纯粹性与当代性七思[J]. 建筑学报，2023(8)：62-65.

[32] 覃祯，刘延东. 文旅夜游场景中光环境设计策略探究[J]. 旅游纵横，2024(6)：80-82.

[33] 方明源，喻晓. 传统商业街区夜景亮化研究——以屯溪老街为例[J]. 建筑与文化，2021(1)：188-191.

[34] 姜师立. 文旅融合背景下大运河旅游发展高质量对策研究[J]. 中国名城，2019(6)：88-95.

[35] 刘毅军，赖世贤. 视知觉特性与建筑光视觉空间设计[J]. 华中建筑，2009(6)：44-46.

[36] 石孟良，彭建国，汤放华. 秩序的审美价值与当代建筑的美学追求[J]. 建筑学报，2010(4)：16-19.

[37] 袁烽，许心慧，李可可. 思辨人类世中的建筑数字未来[J]. 建筑学报，2022(9)：12-18.

[38] 胡慧峰，李宁，方华. 顺应基地环境脉络的建筑意象建构——浙江安吉县博物馆设计[J]. 建筑师，2010(5)：103-105.

[39] 鲍英华，张伶伶，任斌. 建筑作品认知过程中的补白[J]. 华中建筑，2009(2)：4-6, 13.

[40] 朱文一. 中国营建理念 VS "零识别城市/建筑"[J]. 建筑学报，2003(1)：30-32.

[41] 吴震陵，李宁，章嘉琛. 原创性与可读性——福建顺昌县博物馆设计回顾[J]. 华中建筑，2020(5)：37-39.

[42] 李宁. 平衡建筑[J]. 华中建筑，2018(1)：16.

[43] 王小冬. 从西小路项目谈历史保护街区的照明设计[J]. 灯与照明，2018(4)：42-45.

[44] 孙宇璇. 从整合到消解：设备管线空间分布的设计策略演进研究[J]. 建筑学报，2024(2)：9-15.

[45] 倪阳，方舟. 对当代建筑"符号象征"偏谬的再反思[J]. 建筑学报，2022(6)：74-81.

[46] 赵衡宇，孙艳. 基于介质分析视角的邻里交往和住区活力[J]. 华中建筑，2009(6)：175-176.

[47] 黄莺，万敏. 当代城市建筑形式的审美评价[J]. 华中建筑，2006(6)：44-47.

[48] 赵恺，李晓峰. 突破"形象"之围——对现代建筑设计中抽象继承的思考[J]. 新建筑，2002(2)：65-66.

[49] 胡慧峰，赫英爽，蒋兰兰. 现代城市设计理论下的历史街区再生——青藤街区综合保护改造项目[J]. 世界建筑，2023(8)：76-79.

[50] 李翔宁，莫万莉，王雪睿，等. 建构当代中国建筑理论的新议程[J]. 建筑学报，2024(1)：6-13.

[51] 沈济黄，李宁. 环境解读与建筑生发[J]. 城市建筑，2004(10)：43-45.

[52] 夏荻. 存在的地区性与表现的地区性——全球化语境下对建筑与城市地区性的理解[J]. 华中建筑，2009(2)：7-10.

[53] 史永高. 物象之间：建筑图像的喻形性与画面性[J]. 建筑学报，2021(11)：84-90.

[54] 杨茂川，李沁茹. 当代城市景观叙事性设计策略[J]. 新建筑，2012(1)：118-122.

[55] 王金南，苏洁琼，万军. "绿水青山就是金山银山"的理论内涵及其实现机制创新[J]. 环境保护，2017(11)：12-17.

[56] 冒亚龙. 独创性与可理解性——基于信息论美学的建筑创作[J]. 建筑学报，2009(11)：18-20.

[57] 孙澄，韩昀松，王加彪. 建筑自适应表皮形态计算性设计研究与实践[J]. 建筑学报，2022(2)：1-8.

[58] 杨春时. 论设计的物性、人性和神性——兼论中国设计思想的特性[J]. 学术研究，2020(1)：149-158, 178.

[59] 曹力鲲. 留住那些回忆——试论地域建筑文化的保护与更新[J]. 华中建筑，2003(6)：63-65.

[60] 李宁，王玉平. 契合地缘文化的校园设计[J]. 城市建筑，2008(3)：37-39.

[61] 徐靖，王小冬. 浅论建筑智能化系统集成的实现[J]. 建材与装饰，2017(21)：283-284.

[62] 王小冬. 回归光明本质，让世界更美好 2017"城市•建筑•光"国际照明设计杭州高峰论坛纪事[J]. 时代建筑，2017(4)：184-185.

[63] 奚雪松，陈琳. 美国伊利运河国家遗产廊道的保护与可持续利用方法及其启示[J]. 国际城市规划，2013(4)：100-107.

[64] 陈青长，王班. 信息时代的街区交流最佳化系统：城市像素[J]. 建筑学报，2009(8)：98-100.

[65] 张若诗，庄惟敏. 信息时代人与建成环境交互问题研究及破解分析[J]. 建筑学报，2017(11)：96-103.

致谢

一

本书得以顺利出版，首先感谢浙江大学建筑设计研究院有限公司、浙江大学平衡建筑研究中心对建筑光环境设计及其理论深化、人才培养、梯队建构等诸多方面的重视与落实。

二

感谢本书所引用的具体工程实例的所有设计团队成员，正是大家的共同努力，为本书提供了有效的实证支撑。尤其是建筑光环境现场实际效果调试都是在夜间进行，每每要忙碌到深夜，风霜雪雨，酸甜苦辣，彼此相互包容与支撑的温暖，正如寒夜中温馨的光影。感谢所有相关专业设计师，感谢所有业主和合作单位的伙伴，正是大家的支持与理解，使得这些项目得以顺利推进。

本书中非作者拍摄的照片均进行了说明与标注，在此一并感谢。

三

感谢赵黎晨、王英妮、张韧、徐晓、尹媛、周笑楠、王超璐、刘达、程啸、张润泽、金轶群、李莹等小伙伴在本书整理过程中的支持与帮助。

四

感谢中国建筑出版传媒有限公司（中国建筑工业出版社）对本书出版的大力支持。

五

有"平衡建筑"这一学术纽带，必将使我们团队不断地彰显出设计与学术的职业价值。